U0200216

广东深圳大鹏所城规划与保护研究

黄文德　周　鼎　著

学苑出版社

图书在版编目（CIP）数据

广东深圳大鹏所城规划与保护研究 / 黄文德，周鼎著 . —北京：学苑出版社，2023.5

ISBN 978-7-5077-6630-1

Ⅰ. ①广⋯　Ⅱ. ①黄⋯　②周⋯　Ⅲ. ①关隘—文化遗址—保护—研究—深圳　Ⅳ. ① K878.34

中国国家版本馆 CIP 数据核字（2023）第 059833 号

责任编辑：魏　桦
出版发行：学苑出版社
社　　　址：北京市丰台区南方庄 2 号院 1 号楼
邮政编码：100079
网　　　址：www.book001.com
电子信箱：xueyuanpress@163.com
联系电话：010-67601101（营销部）、010-67603091（总编室）
印　刷　厂：廊坊市印艺阁数字科技有限公司
开本尺寸：787mm×1092mm　1/16
印　　　张：17.75
字　　　数：226 千字
版　　　次：2023 年 5 月第 1 版
印　　　次：2023 年 5 月第 1 次印刷
定　　　价：480.00 元

前言

　　大鹏所城位于广东省深圳市大鹏新区，坐落在深圳市东部的大鹏半岛上，东临大亚湾，西接大鹏湾，因其管辖的大亚湾三管笔到珠江口老万山长达四百里海路的防卫，通过大鹏湾扼守珠江口左海路，同时东控大亚湾，防御外敌登陆从陆路进攻广州，故战略位置极为重要，历史上是兵家必争之地。

　　大鹏所城始建于明洪武二十七年（1394年），是为备倭而建，三千多军士及其家属从五湖四海征召而来，且耕且守，以备倭寇。大鹏所城由广州左卫千户张斌开筑，内外砌以砖石，全城占地面积约为10万平方米，城防体系由城门、城楼、城墙、雉堞、角楼、警铺、护城濠沟等组成，城内明清民居建筑群完整保存了明初建城的规模、格局与整体风貌，是目前中国18000公里海岸线上保存最完好的明清海防卫所之一，是明清海防遗存的第一批全国重点文物保护单位（2001年，第五批），2003年，大鹏所城所在的鹏城村被建设部和国家文物局公布为首批中国历史文化名村；2012年，鹏城村又被建设部公布为中国传统村落，大鹏所城还是中国华侨国际文化交流基地；2021年11月，国家文物局公布《大遗址保护利用"十四五"专项规划》以大鹏所城、蒲壮所城、蓬莱水城、大沽口炮台等为代表的明清海防被列为国家大遗址，是五处跨省大遗址之一。

　　大鹏所城具有重要的文物价值。在历史价值方面，1839年9月4日，大鹏所城的赖恩爵将军率领大鹏营水师官兵，在香港九龙一带海面英勇抗击英殖民入侵，打响鸦片战争第一枪，揭开中国近代史的序幕，是中华民族近代以来抗击外来侵略第一仗；大鹏所城的勘舆选址、规划布局、给水与排水系统设计、防御体系设计、防灾设计等都有较高的研究价值，是面向青少年、中小学生的人文科普教育基地；大鹏所城因形就势，体现出人与自然的和谐共生，整个古城古色古香，保存了大量的建筑脊饰、木雕、石雕、壁画等，具有较高的艺术价值，是对青少年、中小学生进行审美教育不可多得的实物标本。

　　对于大鹏所城的保护与利用一直坚持规划先行的原则。从2004年开始进行大鹏所城保护规划编制，在取得国家文物局的审批通过后，由深圳市政府公布实施。但随即国家文物局出台全国重点文物保护单位规划编制要求，大鹏古城博物馆又委托东南大学根据要求进行编制，成果得到国家文物局的审批通过。2020年，根据保护与研究的成果和大鹏所城申遗的要求，再次委托清华同衡对保护规划进行修编，报国家文物局批准后由深圳市政府公布实施。

大鹏所城保护规划坚持"保护为主、抢救第一、合理利用、加强管理"的十六字方针，对大鹏所城城防体系遗存和所城内近千处古民居进行价值评估，分级分类制定保护与利用措施，保护对象涵盖大鹏所城作为一个明清海防军事城堡，同时又是以军事为背景的聚落双重功能的所有要素。出版本书，不仅旨在保护与展示文物古迹价值，也希望通过对大鹏所城的保护管理工作，为热爱遗产保护的同行和读者提供有益借鉴和帮助。由于项目完成距今已有一段时间，编校过程也较仓促，书中难免有语焉不详、言之未尽之处，敬请读者指正。

黄文德

2022 年 10 月

目录

研究篇

第一章　大鹏所城概况

第一节　区域自然概况

一、地理位置

大鹏所城位于广东省深圳市东部大鹏半岛中部，经纬度为北纬22.5度、东经114.5度。

从深圳市区经罗沙路转沙盐路转盐坝高速转坪西公路转鹏飞路可至；或由梅观高速转机荷高速转惠盐高速转深惠高速转坪西公路转鹏飞路可至。

二、自然与人文环境

大鹏所城所在地区属滨海，丘陵地貌，红壤土质。所城北靠排牙山，东有龙头山，隔海与七娘山（古称大鹏山）相望，南临大亚湾龙岐海澳。有鹏城河自城西向南经由城前注入大亚湾龙岐海澳。气候属热带海洋季风性气候，常年高温多雨，空气潮湿，年平均气温约22摄氏度，夏季常有暴雨、台风，有利于多种动、植物生存，植被丰富，草木繁茂。同时也导致了白蚁等有害昆虫对木结构为主的古建筑造成危害，空气中盐碱度较高，易对砖石结构建筑造成侵蚀。

大鹏半岛历史悠久，位于叠福咸头岭村的新石器时代遗址距今有六千多年的历史，它是当时环珠江口地区沙丘文化的代表。该遗址堆积丰富，出土文物众多，有自新石器时代至宋代的文化堆积；东汉以来，大鹏半岛以产盐和珍珠著称，大鹏叠福盐场是广东四大盐场之一。宋末元初，客家大姓欧阳在大鹏建立了规模宏大的水贝石寨。明朝政府在大鹏建立大鹏守御千户所城。今天的大鹏所城居民均为当年守城军士的后裔，故大鹏古老独特的语言被完整地保存下来；因历史上将军辈出，鹏城村被称为"将军村"。所城周围还有古烟墩、古寺庙、古校场、古桥井、碑刻等历史遗迹遗存。

第二节　历史沿革及概况

一、概况

大鹏所城全称"大鹏守御千户所城"，建于明洪武二十七年（1394 年），时隶属南海卫。大鹏所城在明清两代抗击葡萄牙、倭寇和英殖民主义者的斗争中起过重要的作用，是岭南重要的海防军事要塞，是我国目前保存较完整的明清海防军事城堡之一。据康熙《新安县志》记载："……沿海所城，大鹏为最……内外砌以砖石，周围三百二十五丈六尺，高一丈八尺，址广一丈四尺，门楼四，敌楼如之，警铺十六、雉堞六百五十四，东、西、南三面环水，濠周围三百九十八丈，阔一丈五尺，深一丈。"

现大鹏所城平面呈不规则梯形，东西宽 345 米、南北长 285 米，占地约 10 公顷。现东、南、西三个城门保存较好，北门在清嘉庆年间被封塞。城墙用黄黏土夯筑而成，外表用砖石包砌，城墙下宽 6 米，上宽 3.5 米，高 5 米，城外原有护城河、瓮城，现已不存。城墙大多被毁，仅存东墙北段约 300 米。城内主要街道有南门街、东门街和正街等。其基本布置依然保留明代格局。城内现存清代以来的传统民居 1024 座，主要建筑有清广东水师提督赖恩爵"振威将军第"、清福建水师提督刘起龙"将军第"等近十座清代府第式建筑，此外还有参将府、赵公祠、侯王庙和天后宫等。大鹏所城在我国明清两代抗击倭寇、葡萄牙和英国殖民主义者入侵的斗争中曾起了重要的作用，涌现了一批爱国民族英雄，如鸦片战争中的赖恩爵、刘起龙将军及抗日英雄刘黑仔等。

二、历史沿革

大鹏地区历史悠久，考古发掘表明，距今五六千年的新石器时代中、晚期，先民便在这块土地上生息繁衍。春秋战国时期，这里先后是越国、楚国的属地。秦属南海郡，秦末汉初属南越国。汉属南海郡番禺县，东晋成帝咸和元年（331年）属东官郡宝安县，唐至德二年（757年）属东莞县，明万历元年（1573年）属新安县。

明洪武二十七年（1394年），广州左卫千户张斌奉命筑"大鹏守御千户所城"。

清代初年，以李万荣为首的抗清队伍占据大鹏城达十年之久。1656—1668年，李万荣被招降，新安县知县傅尔植奏设"大鹏所防守营"。

康熙七年（1668年），清政府实行"迁界禁海"，大鹏所防守营被并入惠州协，受惠州协副将管辖。

康熙四十三年（1704年），大鹏所防守营提升为大鹏水师营，管辖深港大部分地区海防，共有大炮180门。

雍正四年（1726年），裁游击，改设参将，隶广东水陆提督管辖。

嘉庆十五年（1810年），水陆区分，广东增设水师提督驻虎门，大鹏营为外海水师营，归虎门水师提督管辖，兵额800名。

道光十一年（1831年），大鹏营分为左右二营，左营驻扎大鹏城，右营移驻大屿山东涌寨城。

道光二十年（1840年），林则徐奏请将大鹏营改大鹏协，统率左右二营。

道光二十七年（1847年），九龙城建成，大鹏协副将移驻九龙城，统辖左右二营。光绪二十三年（1898年），中英《展拓香港界址专条》签订，九龙城在展界范围内，但仍属中国领土，驻有军队。后被英人借口驱逐，大鹏城因之颓废。

民国，大鹏所城成为其军士后裔的聚居地。新中国成立以后，大鹏所城是大鹏人民公社鹏城村所在地。改革开放以后，当地居民另建新村，所城内建筑大部分出租给外来打工人员居住。

1988年，大鹏所城被深圳市人民政府公布为市级文物保护单位。

1989年，广东省人民政府将大鹏所城公布为省级文物保护单位。

1995年，中共深圳市委将大鹏所城公布为"爱国主义教育基地"。

1996年，成立"大鹏古城博物馆"，对大鹏所城开始进行科学的保护和管理。

2001年，大鹏所城被国务院公布为全国重点文物保护单位。

第二章 文物遗存现状

大鹏所城的规划建设与中国古代的城池建设思想相吻合，所城的格局与结构准确地把握了大鹏所城所处的地形、位置。

首先，所城选址保持了背山面水的大格局，而在山体选择、山峰对称上也符合传统选址的要求。按照古代堪舆学，七娘山即案山，排牙山为镇山，两侧西山、东山则分别为护砂，建筑群的主轴线与案山山峰在一条直线上，有严格的对位关系。

其次，所城在规划布局上竭力体现四方城、中轴对称、衙门居中的严格的礼制等级制度。所城平面呈梯形，十字街贯穿全城，建设东、南、西、北四座城门，街道规整，轴线分明，衙署居于城中偏北位置，还有庙宇、祠堂、书院等公共建筑。

根据对现有保护范围内所有建筑的调研，对大鹏所城背景环境的考察和历史背景的研究，以及对大鹏所城附属文物、古树名木的初步考察，并参考"四有"档案资料及相关单位对大鹏所城的历次研究成果，大鹏所城文物清单划分如下：文物建筑（21处全国重点文物建筑、73处未定级不可移动文物建筑）、重点建筑遗址（12处）、古城历史格局、城外相关遗存、附属文物、其他保护要素（古井、古树）。

第一节 全国重点文物建筑

依据《全国文物保护单位综合管理系统》（国家文物局 http://www.1271.com.cn/）的公布名单。21处全国重点文物建筑包含：天后宫、赖绍贤将军第、赖恩爵振威将军第、赖恩锡将军第、赖府书房——怡文楼、东门楼、赖英扬振威将军第、西门赖氏将军第、赵公祠、西门楼、郑氏司马第、南门楼、东北村戴氏大屋、赖世超将军第、赖信扬将军第、何文朴故居、梁氏大屋、侯王古庙、林仕英"大夫第"、刘起龙将军第、东门李将军府。

一、天后宫

年代：始建于明永乐年间（1403—1424 年），现有建筑为 20 世纪 80 年代重建。

建筑规模：三进

结构类型：砖木石结构

建筑面积：230 平方米

位置：正街 20 号

位于大鹏所城正街，始建于明永乐年间（1403—1424 年）。"文化大革命"期间，天后宫被夷为平地，只残存一块有"天后宫"三个字的石匾和一对宫联条石，现有建筑为"文化大革命"后重建。

天后宫是祭祀海上保护神——天后的庙宇。重修的鹏城天后宫占地 200 多平方米，共分三进，门前 13 级台阶，走廊立着两条花岗岩圆柱，高盈丈，径近尺，精雕细琢。门楼红匾上镌着"天后宫"三个斗大的漆金体行书。门两侧刻有一联：万国仰神灵波平粤海，千秋绵俎豆泽溯蒲田。500 多年来，天后宫香火鼎盛，每年的农历三月二十三为天后生日，且每隔五年举办一次隆重的"打醮"活动。相传清代名将刘起龙和赖恩爵以及大鹏营的参将、守备、千总等军官常到天后宫拜祭。

二、赖绍贤将军第

年代：建于清道光年间（1821—1850 年）

建筑规模：一座三十五间

结构类型：砖木石结构

建筑面积：1200 平方米

位置：将军第巷 11 号

赖绍贤为赖恩爵将军之长子。该将军第位于西门内，规模仅次于赖恩爵"振威将军第"。占地面积 1500 平方米，有大小房间 35 间。为清道光年间四合院建筑群。门首横额楷书"将军第"。檐板、梁枋、墙壁上饰以金木雕刻和绘制花鸟书法等。

三、赖恩爵振威将军第

年代：建于清道光二十四年（1844 年）

建筑规模：三套三进三间

结构类型：砖木石结构

建筑面积：2500 平方米

位置：赖府巷 15 号

位于南门内东侧赖府巷 15 号，规模宏伟。门首横额楷书"振威将军第"五个大字。门前有一对抱鼓石和一对石狮。檐板、梁枋等饰金。木雕刻，上绘人物故事、花鸟草木及墨书诗词等。将军第为侧门内进，三套三进三间，当心间三厅二天井、左右次间三厅、二天井、十厅房。侧间为三进三间，三厅、三天井、十二厢房。两间前长廊有月门相通，地面铺砖，墙石脚青砖结砌。长廊前有倒厢，正侧间有前院、侧廊，侧间有后院，后院有偏厢，前后院均有水井。建筑材料为青砖墙、红砖地、木梁架、石柱础。瓦顶式样为硬山顶，中有灰脊。

将军第保存基本完好，以金木雕刻甚为难得。1984 年深圳市人民政府将其公布为文物保护单位。

赖恩爵将军第为清抗英名将赖恩爵的将军第。赖恩爵在平定海盗、倭寇和抗御英国殖民侵略者的战斗中，功勋卓著。特别是赖恩爵将军指挥并取得辉煌胜利的中英"九龙海战"，是鸦片战争首战，具有极其重要的历史意义。道光皇帝御赐"呼尔察图巴图鲁"称号，赏戴花翎并晋升为副将。道光二十三年（1843 年）冬升任广东水师提督。

四、赖恩锡将军第

年代：清

建筑规模：两进三开间

结构类型：砖木石结构

建筑面积：100 平方米

位置：南门街 8 号

将军第位于大鹏古城南门街，坐东朝西，为三开二进二廊的广府式建筑，面宽 9 米、进深 10.5 米，面积约 100 平方米。砖木结构、小青瓦屋面，平脊尖栋，蝴蝶瓦口，大门檐口雕花檐板，门廊檐壁有简单壁画。整座建筑整体结构保存较完整，但受到一定改造，应加强保护，避免破坏。

赖恩锡，新安县大鹏城人，是赖恩爵将军之堂弟，赖氏"三代五将"之一，清道光年间曾任福建晋江镇台，正二品。官至福建晋江镇总兵官，封武功将军。

五、赖府书房——怡文楼

年代：清道光二十六年（1846 年），1998 年复原性维修。

建筑规模：两层，天井两侧各一厅二间

结构类型：砖木石结构

建筑面积：360 平方米

位置：赖府巷 10 号

位于赖恩爵将军第对面，是赖恩爵将军曾使用过的书房。建于清道光二十六年（1846 年）。平面呈长方形，面积 360 平方米，两层，砖木石结构，天井两侧各为一厅二间式格局。地面铺红砖，墙角为青麻石，上结青砖。赖府书房后来曾作为赖氏家族乃至全城儿童读书的校舍。新中国成立后，曾作为公社粮仓。1998 年大鹏古城博物馆将其收回，并对其进行了复原性维修。

六、东门楼

年代：始建于明代，城门楼 1998 年大修，何时被毁与复原不详。

建筑规模：一座

结构类型：砖木结构

建筑面积：200 平方米

位置：东门

门道地面一般用花岗岩石板铺设，顶部用平砖和模形砖以三顺三丁的纵连砌法结拱起券。内设双重门，第一道门为上下起落的闸门，设在门道的前半部分、第二道门设在门道的前后两部分的交接处，由向内开的两扇门扉组成。1998 年进行大修，恢复了城门楼。

七、赖英扬振威将军第

年代：清

建筑规模：两进两开间一天井

结构类型：砖木石结构

建筑面积：376 平方米

位置：正街 6 号

将军第位于大鹏古城内正街，郑氏司马第之东侧，坐北朝南，为两进两开间一天井的府第式建筑结构。面宽 7.8 米，进深 12.4 米，占地面积约 100 平方米，建筑物仍保留完好。门首雕花檐板上刻人物故事，雕工精细，保存十分完好。将军第大门樟木匾一块，上雕五个楷书阳文：振威将军第。匾长 200 厘米，宽 64 厘米，厚 3 厘米。大门瓦檐有较为精致的木雕，大门内有屏门，大门屏门间的小厅有"门官"神位。大厅前墙为木隔扇，后殿前墙为木雕装成，有四神的枋雕等，极具艺术价值。后殿内设祖宗灵牌，还有锦绣包裹的木匣，皆为旧时物，神台、供桌、吊灯等均为原物。该将军第原为赖恩爵父亲赖英扬所居。道光二十一年（1841 年），赖恩爵任南澳镇总兵，皇帝赐匾"振威将军第"。

赖英扬（1778—1840 年），新安县大鹏城人，赖氏"三代五将"之一，官至浙江定海总兵，封振威将军。

八、西门赖氏将军第

年代：清

建筑规模：两进两开间

结构类型：砖木结构

建筑面积：350 平方米

位置：十字街 40 号

位于赖绍贤将军第侧面，为赖恩爵第四子绍林所居住。将军第长 20.5 米，宽 17.6 米，面积约为 350 平方米。门首横额匾题"将军第"三个楷书。平面布局为侧门内进，两进两间。天井用条石铺砌，房间地面铺以红砖，墙石脚青砖结构。屋顶结构为硬山顶。将军第保存基本完好，整体布局如旧。

九、赵公祠

年代：始建年代下限为清嘉庆二十四年（1819 年）

建筑规模：一座十一间

结构类型：砖木石结构

建筑面积：300 平方米

位置：正街 2 号

位于大鹏镇古鹏城内南门街北段，正街振威将军第的东侧，为两进三开间一天井的祠庙式建筑，前座已被改建，后座仍原样保留。面宽 10.3 米，进深 29.8 米，当地人又称生祠、大衙门、都府。关于赵公，事迹不详。清嘉庆《新安县志》中的大鹏城图中有赵公祠，可知该祠始建的年代下限为清嘉庆二十四年（1819 年）。

十、西门楼

年代：始建于明代

建筑规模：一座

结构类型：砖木结构

建筑面积：200 平方米

位置：西门

门道地面一般用花岗岩石板铺设，顶部用平砖和模形砖以三顺三丁的纵连砌法结拱起券。内设双重门，第一道门为上下起落的闸门，设在门道的前半部分、第二道门设在门道的前后两部分的交接处，由向内开的两扇门扉组成。西门楼主体不存，城门上现有现代搭建的建筑。

十一、郑氏司马第

年代：清

建筑规模：一座十五间

结构类型：砖木石结构

建筑面积：350 平方米

位置：正街 8 号

位于大鹏所城正街东段，正街振威将军第西侧，为三进两间两天井的府第式的砖木建筑，面宽 7.1 米，进深 9.3 米，有精致而坚硬的檐木雕，后殿供有神牌。原大门额上挂有"司马第"的木匾，惜已失。司马姓郑，名才利，与乌涌的侍卫府的郑胜发是共太公的。

十二、南门楼

年代：始建于明代，城门楼 1998 年大修，何时被毁与复原不详

建筑规模：一座

结构类型：砖木结构

建筑面积：200 平方米

位置：南面

门道地面一般用花岗岩石板铺设，顶部用平砖和模形砖以三顺三丁的纵连砌法拱起券。内设双重门，第一道门为上下起落的闸门，设在门道的前半部分、第二道门设在门道的前后两部分的交接处，由向内开的两扇门扉组成。1998 年进行大修，恢复了城门楼。

十三、东北村戴氏大屋

年代：清末

建筑规模：一座十二间

结构类型：砖木石结构

建筑面积：300 平方米

位置：戴屋巷 6 号

位于鹏城东北村，主人姓戴，是清末大鹏协的守城军官。该将军第面积约 300 平方米，门首原挂有"将军第"牌匾，惜已遗失，但其悬挂的遗迹仍可清楚看见。将军第为清末典型的民居式建筑，但其大门较一般民居高大雄伟。

十四、赖世超将军第

年代：清中期

建筑规模：一座七间

结构类型：砖木石结构

建筑面积：150 平方米

位置：赖府巷

即赖氏祖屋（正二品）赖世超将军第位于大鹏古城内赖府巷，赖恩爵振威将军第对面，是赖氏第一代将军赖世超将军的府第。坐东朝西，三开三进，面宽 11 米，进深 12.5 米，面积约 150 平方米，博古屋，陶质瓦当，滴水三檐口，小青瓦屋面，为清中期府第式建筑。原有"将军第"横匾、对联、雕花檐板已失。檐口有简单壁画。原有对联上书：武艺深藏须急运，功求不露显灵通。

赖世超，新安县大鹏城人（今深圳市大鹏古城），赖氏"三代五将"之一，是赖氏第一代将军。官至广东琼州镇台，封武功将军。

十五、赖信扬将军第

年代：清

建筑规模：两进两开间一天井

结构类型：砖木结构，局部后期改造为砖混结构

建筑面积：100 平方米

位置：赖府巷 12 号

军第位于大鹏古城内赖府巷，坐东朝西，三开三进，面宽 11 米，进深 19 米，小青瓦屋面，蝴蝶瓦口，硬山顶。北次间、当心间被改建，南次间保存完整。

赖信扬，新安县大鹏城人，赖氏"三代五将"之一官至福建水师提督，封建威将军，正一品。

十六、何文朴故居

年代：清光绪年间（1875—1908 年）

建筑规模：两进两开间

结构类型：砖木石结构

建筑面积：300 平方米

位置：东门街 14 号

何文朴为清光绪年间九龙协副将，将军第位于东门附近，面积约为 300 平方米，两进两开间。将军第内保存有何文朴的画像及清末牌匾数块。

十七、梁氏大屋

年代：晚清

建筑规模：左边部分为一层坡屋顶，三开间，两进一天井；右边部分为一开间，两进一天井

结构类型：砖木石结构

建筑面积：220 平方米

位置：十字街 38 号

建于晚清，左边部分为一层坡屋顶，三开间，两进一天井；右边部分为一开间，两进一天井。现出租给 4 户外来打工家庭居住。梁氏大屋属于危房，保存质量较差。由于长年失修，加快了建筑质量的恶化。南立面大门上方有两条锯齿状裂缝，大门两边有两条通缝，左边厢房窗子中间有一条裂缝，后厅左厢房承重山墙与后墙大部分倒塌，屋顶无存，天井处有添建墙，木楼梯、楼板局部糟朽，房屋漏雨。大天井左边厢房后改为铝皮屋面。

十八、侯王古庙

年代：清

建筑规模：两进三开间两廊一天井

结构类型：砖木石结构

建筑面积：180 平方米

位置：东城巷 1 号

原为两进三开间两廊一天井的庙宇式建筑，面宽 9.2 米，进深 17.6 米，后遭破坏，但下部基础等仍保存下来，庙门的花岗岩石对联尚完整，上阴刻楷书"灭项兴刘多妙计，庇民护国著奇功"。庙门前置一花岗岩石匾，长 1.8 米，宽 0.67 米，边雕忍冬花纹，上行正中有一金钱眼。石匾上书大楷阴文"侯王古庙"四字，该庙乃清代重修。从对联内容来看，应是祭祀汉代留侯张良的庙宇。

十九、林仕英"大夫第"

年代：清乾隆年间

建筑规模：两进两开间一天井

结构类型：砖木石结构

建筑面积：200 平方米

位置：东北村戴屋巷 13 号

林仕英，乾隆十八年（1753 年）补授大鹏营千总，历升广海守府、澄海都府、海安游府，诰封武翼大夫。府第位于古城东北村，建于清乾隆年间，为两进两开间一天井式建筑，面积约 200 平方米。门额横匾题刻"大夫第"二字，现其子孙居住其中，有家谱保存。

二十、刘起龙将军第

年代：建于清道光初年

建筑规模：三进三间两厅六厢房

结构类型：砖木石结构

建筑面积：750 平方米

位置：南门街 35 号

位于大鹏古城南门街中段，建于清道光初年，为清代中叶典型的四合院建筑群体。门首横额匾题"将军第"。平面布局为侧门内进，三进三座，每座两厅一天井、六厢房。前有长廊，长廊上有二门、哨楼。水井一个。地面铺以砖、石，石墙基，上砌青砖。用砖墙架梁，石柱础。屋顶结构为硬山顶，中有灰脊，檐板雕刻花鸟草木、人物故事等题材画。将军第保存完好，整体布局如旧。于 1984 年深圳市政府将其公布为第二批文物保护单位。2000 年 10 月，大鹏古城博物馆对刘起龙将军第进行局部维修，并利用其布置《刘起龙史迹展》。

刘起龙（1772—1830 年），字振升，鹏城人，由大鹏营入伍，嘉庆八年（1803 年）授平海营右哨把总，道光三年（1823 年）仕至南澳镇总兵，道光六年（1826 年）任福建水师提督，为抗击东方倭寇和西方殖民者入侵作出了不少的贡献。因病卒于任，被皇帝诰封为振威将军。《中国历史人名大词典》中载："刘起龙，广东新安人，行伍出身，屡立战功，累官福建水师提督。"

二十一、东门李将军府

年代：清末

建筑规模：由于产权为个人无法进院勘察

结构类型：砖木石结构

建筑面积：300 平方米

位置：东城巷 7 号

位于侯王庙旁，主人李将军是清末大鹏协的守备。该将军第面积约 300 平方米，为清末典型的府第式建筑。门首原挂有"将军第"牌匾，惜已遗失。

第二节　未定级不可移动文物建筑

未定级不可移动文物建筑为大鹏新区公共事业局2014年、2015年公布的不可移动文物，均为清代至民国时期的建筑，包括古民居、衙署、宗祠等。

东城巷李氏民宅

大鹏所城东城巷13号，建筑编号Ⅱ-44，建于20世纪50年代前后，一座四间，100平方米，一层，硬山、砖木结构。

东门街赖氏民宅

大鹏所城东门街15号，建筑编号Ⅲ-4，建于晚清，一进一天井，70平方米，一至两层，硬山、砖木结构。

东门街王氏民宅

大鹏所城东门街15号东，建筑编号Ⅲ-3，建于晚清，一进一天井，45平方米，一层，硬山、砖木结构。

长巷7号王氏民宅

大鹏所城长巷7号，建筑编号Ⅲ-61，建于晚清，一进一天井三开间，120平方米，硬山、砖木结构，工艺品经营。

长巷 9 号王氏民宅

大鹏所城长巷 9 号，建筑编号Ⅲ–63，建于晚清，两进两天井两开间，125 平方米，一层，硬山、砖木石结构，摄影。

长巷罗氏民宅

大鹏所城长巷 10 号，建筑编号Ⅲ–64，建于晚清，一进一天井三开间，115 平方米，一至两层，硬山、砖木结构。

戴屋巷民宅

大鹏所城戴屋巷 1 号（含 2 号），建筑编号Ⅲ–91、94，建于晚清，不含加建两座（不含加建），105 平方米（不含加建），一至两层，硬山（不含加建）、砖木结构，餐饮。

戴屋巷叶氏民宅

大鹏所城戴屋巷 5 号，建筑编号Ⅲ–97，建于晚清，一进一天井分三座，123 平方米，一至两层，硬山、砖木结构，餐饮。

参将署

大鹏所城正街 2 号（含 4 号），Ⅳ–1、2，建于 20 世纪 50 年代前后，一座一进院落，90 平方米，一至两层，硬山、砖木结构，零售、餐饮。

西城四巷王氏民宅

大鹏所城西城四巷 9 号（含 10 号），建筑编号Ⅳ–83，建于晚清，一进两跨两天井，196 平方米，一至两层，硬山、砖木结构，居住。

将军第巷赖氏民宅

大鹏所城将军第巷 7 号，建筑编号 Ⅵ-106，建于晚清，两进前院后天井，176 平方米，一层，硬山、砖木结构，书屋。

红花巷梁氏民宅

大鹏所城红花巷 13 号，建筑编号 Ⅴ-52，建于晚清，两进两天井，200 平方米，一层，硬山、砖木结构。

刘屋巷李氏民宅

大鹏所城刘屋巷 5 号，建筑编号 Ⅵ-18，建于清末，一进院落，107 平方米，一层，硬山、砖木结构。

食烟巷李氏民宅

大鹏所城食烟巷 12 号，建筑编号 Ⅵ-34，建于清末，两座（左侧为一进一天井），146 平方米，一至两层，硬山、砖木结构。

李屋书房

大鹏所城食烟巷 10 号，建筑编号 Ⅵ-36，建于 20 世纪 50 年代初期，一座一天井，145 平方米，一层，硬山、砖木结构。

李屋巷黄氏民宅

大鹏所城李屋巷 16 号，建筑编号 Ⅵ-61，建于 20 世纪 50 年代初期，一座，80 平方米，两层，硬山、砖木结构。

李屋巷王氏民宅

大鹏所城李屋巷 17 号，建筑编号Ⅵ–77，建于清末，一座一天井，100 平方米，一至两层，硬山、砖木结构。

李屋巷尹氏民宅

大鹏所城李屋巷 11 号，建筑编号Ⅵ–78，清末至 20 世纪 50 年代初期，一座，97 平方米，一至两层，硬山、砖木结构，客栈。

十字街赖氏民宅

大鹏所城十字街 25 号，建筑编号Ⅵ–108，建于晚清，一座一天井，122 平方米，一层，硬山、砖木结构，经营。

十字街蔡氏民宅

大鹏所城十字街 25 号西，建筑编号Ⅵ–122，建于晚清，一座一天井，135 平方米，一层，硬山、砖木结构，经营。

将军第巷 3 号民宅

大鹏所城将军第巷 3 号（十字街 25 号左），建筑编号Ⅵ–109，建于晚清，一座，108 平方米，一至两层，硬山、砖木结构。

赖府巷周氏大屋

大鹏所城赖府巷 2 号（含 4 号），建筑编号Ⅰ–31、33，建于晚清，一座一天井，77 平方米，一层，硬山、砖木结构。

赖府巷周氏民宅

大鹏所城赖府巷 5 号，建筑编号Ⅰ-36，建于晚清至民国，一座两开间，50 平方米，一层，硬山、砖木结构。

赖府巷田氏民宅

大鹏所城赖府巷 7 号（含 7 号北），建筑编号Ⅰ-38、40，建于 20 世纪 50 年代初期，一座两开间，52 平方米，一至两层，硬山、砖木结构，餐饮。

东门巷 2 号民宅

大鹏所城东门巷 2 号，建筑编号Ⅲ-21，建于晚清，一进一天井，74 平方米，一层，硬山、砖木结构。

东门街罗氏民宅

大鹏所城东门街 17—1 号（含 17—2 号），建筑编号Ⅲ-8、16，建于晚清，两进两天井，157 平方米，一至两层，硬山、砖木结构。

戴屋巷 7 号民宅

大鹏所城戴屋巷 7 号，建筑编号Ⅲ-100，建于晚清，两进两天井，108 平方米，一至两层，硬山、砖木结构。

戴屋巷戴氏民宅

大鹏所城戴屋巷 11 号，建筑编号Ⅲ-104，建于晚清，一座一天井，95 平方米，一层，硬山、砖木结构，活动接待。

南门街余氏民宅

大鹏所城南门街1号，建筑编号Ⅵ-1，建于民国时期，一座，37平方米，两层，硬山、砖木结构，零售商业。

南门街李氏民宅

大鹏所城南门街7号，建筑编号Ⅵ-7，建于民国时期，一座，145平方米，一至两层，硬山、平屋顶、砖木结构，餐饮。

南门街苏氏

所城南门街27号，建筑编号Ⅵ-11，建于晚清，一座，114平方米，一层，硬山、砖木结构，客栈、接待。

南门街郭氏民宅

大鹏所城南门街34号，建筑编号Ⅰ-17，建于晚清，一进一天井，65平方米，一层，硬山、砖木结构，零售商业。

南门街严氏民宅

大鹏所城南门街36号，建筑编号Ⅰ-18，建于晚清，一进一天井，35平方米，一层，硬山、砖木结构，办公。

严氏大屋

大鹏所城十字街叶庐西侧，建筑编号Ⅱ-56，建于民国时期，一座，48平方米，两层，硬山、砖木结构。

十字街陆氏民宅

大鹏所城十字街2号，建筑编号Ⅴ-1，建于晚清，一座，31平方米，两层，硬山、砖木结构，客栈。

十字街苏氏民宅

大鹏所城十字街3号，建筑编号Ⅵ-14，建于晚清，一座两开间，58平方米，三层，硬山、砖木结构，餐饮。

十字街薛氏民宅

大鹏所城十字街11号，建筑编号Ⅵ-72，建于晚清，一进一天井，73平方米，一层，硬山、砖木结构，餐饮。

正街刘氏民宅

大鹏所城正街12号，建筑编号Ⅳ-6，清代中期，两进两天井，60平方米，一层，硬山、砖木结构。

正街王氏民宅

大鹏所城正街40号，建筑编号Ⅳ-25，一进一天井，36平方米，一层，硬山、砖木结构，建于晚清。

正街欧阳氏民宅

大鹏所城正街58号，建筑编号Ⅳ-34，建于晚清，两座（各一开间），37平方米，一层，硬山、砖木结构，居住。

红花巷陈氏民宅

大鹏所城红花巷1号，建筑编号Ⅳ-79，建于晚清，一座两开间，51平方米，一层，硬山、砖木结构。

食烟巷卢氏民宅

大鹏所城食烟巷9号，建筑编号Ⅵ-30，建于晚清，一进两跨院，122平方米，一至两层，硬山、砖木结构。

刘屋巷11、12号民宅

大鹏所城刘屋巷11、12号，建筑编号Ⅵ-39，建于民国时期，一座一天井，100平方米，一层，硬山、砖木结构，客栈、餐饮。

石井巷欧氏民宅

大鹏所城石井巷12号，建筑编号Ⅵ-95，建于20世纪50年代前后，一进院（正房三开间），115平方米，一层，硬山、砖木结构。

刘屋巷15号民宅

大鹏所城刘屋巷15号，建筑编号Ⅵ-48，建于民国时期，一座两开间，55平方米，两层，硬山、砖木结构。

李屋巷12—14号民宅

大鹏所城李屋巷12—14号，建筑编号Ⅵ-50、52，建于20世纪50年代前后，两座，170平方米，一层，硬山、砖木结构。

十字街 21 号民宅

大鹏所城十字街 21 号，建筑编号Ⅵ -92，建于民国时期，一座三开间，82 平方米，两层，硬山、砖木结构。

红花巷 8 号王氏民宅

大鹏所城红花巷 8 号，建筑编号Ⅴ -47，建于晚清，一进一天井，122 平方米，一层，硬山、砖木结构。

西城五巷严氏民宅

大鹏所城西城五巷 10 号南，建筑编号Ⅳ -74、75，建于民国时期，一座两开间，45 平方米，两层，硬山、砖木结构。

正街 25 号民宅

大鹏所城 25 号，建筑编号Ⅴ -85、86，建于民国时期，一座两开间，86 平方米，两层，硬山、砖木结构。

正街 26 号民宅

大鹏所城正街 26 号，建筑编号Ⅳ -15，建于民国时期，一座一开间，36 平方米，一层，硬山、砖木结构。

正街 42 号民宅

大鹏所城正街 42 号，建筑编号Ⅳ -26，建于晚清，一座一开间，23 平方米，一层，硬山、砖木结构。

正街 53 号民宅

大鹏所城正街 53 号，建筑编号Ⅴ-69、70，建于民国时期，一座三开间，76 平方米，两至三层，硬山、平屋顶、砖木结构。

西城三巷樊氏民宅

大鹏所城西城三巷 2 号、047，建筑编号Ⅳ-95，建于晚清，一座，270 平方米（含院落），一至两层，硬山、砖木结构。

西城巷卢氏民宅

大鹏所城西城巷 20 号，建筑编号Ⅳ-43，建于晚清，两进（前院后天井），106 平方米，一层，硬山、砖木结构。

西城巷张氏民宅

大鹏所城西城巷 24 号，建筑编号Ⅳ-45、46，建于晚清，两座（各一进一天井），122 平方米，一层，硬山、砖木结构。

西城一巷卢氏民宅

大鹏所城西城一巷 5 号，建筑编号Ⅳ-135、136，建于晚清，一进两跨一天井，107 平方米，一至两层，硬山、砖木结构。

西城二巷刘氏民宅

大鹏所城西城二巷 4 号，建筑编号Ⅳ-115，建于晚清，一进一天井，35 平方米，一层，硬山、砖木结构。

东门街 16 号民宅

大鹏所城东门街 16 号，建筑编号 Ⅲ-6，建于民国时期，一座一天井，88 平方米，一层，硬山、砖木结构。

东门 C 巷林氏民宅

大鹏所城东门 C 巷 8—4 号。

长巷 11、12 号民宅

大鹏所城长巷 11、12 号，建筑编号 Ⅲ-65、66，建于清末民初，一座两开间一天井，110 平方米，硬山、砖木结构。

西北村 085—087 号民宅

大鹏所城西北村 085—087 号。

罗氏宗祠

大鹏所城东门巷，建筑编号 Ⅲ-37，建于 20 世纪 50 年代初，一进两跨一天井，70 平方米，硬山、砖木结构。

西北村 20 号刘氏民宅

大鹏所城西北村 20 号，建筑编号 Ⅳ-170、171，建于晚清，一进两跨两天井，105 平方米，一层，硬山、砖木结构，零售商业。

西城五巷 1 号民宅

大鹏所城西城五巷 1 号，建筑编号Ⅳ –63，建于晚清，一进一天井，96 平方米，一层，硬山、平屋顶、砖木结构。

东门二巷王氏民宅

建筑编号Ⅲ –1，建于晚清，一进一天井，106 平方米，硬山、马头墙、砖木结构。

西城三巷钟氏民宅

大鹏所城西城三巷 5 号，建筑编号Ⅳ –100，建于晚清，一进一天井，85 平方米，一层，硬山、砖木结构。

石井巷 16 号李氏民宅

大鹏所城石井巷 16 号，建筑编号Ⅵ –94，建于 20 世纪 50 年代，四间，70 平方米，一至两层，硬山、砖木结构。

红花巷王氏民宅

大鹏所城红花巷 5、6、7 号，建筑编号Ⅴ –44、45、46，建于民国时期，三间，100 平方米，两层，硬山、砖木结构。

食烟巷吴氏民宅

大鹏所城食烟巷出租屋 820643，建筑编号Ⅵ –34，建于晚清，一进一天井，115 平方米，一至两层，硬山、砖木结构。

将军第巷欧阳氏民宅

大鹏所城将军第巷 6 号，建筑编号Ⅵ –112，建于民国时期，一间，18 平方米，一层，硬山、砖木结构。

西北村潘氏民宅

大鹏所城西北村 096、097（出租屋 820550/553），建筑编号Ⅳ –159，建于民国时期，一进一天井，63 平方米，一层，硬山、砖木结构。

西城五巷严氏民宅

大鹏所城西城五巷 10 号，建筑编号Ⅳ –76，建于民国时期，一座四间，87 平方米，两层，硬山、砖木结构。

第三节　重点建筑遗址

重点建筑遗址为大鹏所城城内重要衙署机构、寺庙建筑及城墙遗址等。

城隍庙遗址

南门街与赖府巷之间，建于清代，宗教建筑遗址，与其他宗教建筑遗址一同体现了军事卫所城镇内多种宗教建筑共存的特色。

守备署遗址

大鹏粮站南侧，建于清代，卫所城镇格局的重要组成部分。

都府署遗址

大鹏粮站南侧，建于清代，卫所城镇格局的重要组成部分。

左堂署遗址

侯王庙西侧空地，卫所城镇格局的重要组成部分。

协台衙门遗址

大鹏粮站，建于清代，卫所城镇格局的重要组成部分。

参将署遗址

正街2号，建于清代，卫所城镇格局的重要组成部分。

华光庙遗址

戴屋巷9号，建于清代，原为晏公庙，华光庙内发现文庙芳名碑一通，为清道光年间重修文庙捐助人的芳名。上刻有近百位大鹏营官员和百姓以及十多家商铺捐助建庙的名字，这些都为研究大鹏所城的姓氏结构、当时的商铺情况以及当时的水师驻防情况有着重要的价值。

文庙遗址

北门南侧广场，建于清代，宗教建筑遗址，与其他宗教建筑遗址一同体现了军事卫所城镇内多种宗教建筑共存的特色。

北门遗址

现复原北门楼处，建于清代，卫所城镇格局的重要组成部分。

关帝庙遗址

北门南侧广场，建于清代，宗教建筑遗址，与其他宗教建筑遗址一同体现了军事卫所城镇内多种宗教建筑共存的特色。

火药局遗址

北门南侧广场，建于清代，卫所城镇格局的重要组成部分。

城墙遗址

所城周边，建于明代，卫所城镇格局的重要组成部分。

第四节　大鹏所城城外相关遗存

大鹏所城外共有与其相关的历史遗存 3 类，包括古墓葬、古建筑、古遗址。

古墓葬 6 处：刘起龙夫人林氏墓、清振威将军刘起龙墓、明武略将军徐勋墓、赖太母陈夫人墓、赖绍贤夫妇墓、东山寺住持墓。

古建筑 5 处：东山寺石牌坊、东山寺墓塔、荣荫桥、登云桥、龙井。

古遗址 2 处：东北校场遗址、西南校场尾遗址。

刘起龙夫人林氏墓

建于清代，区级文物保护单位，因修电站搬迁至东北校场，安置于刘起龙将军墓旁。

清振威将军刘起龙墓

建于道光十一年（1831 年），市级文物保护单位，大鹏所城东北校场，因修电站搬迁至东北校场。有"古之遗爱"石碑立于鹏城东校场刘起龙迁葬墓堂之侧，为青麻石，高 46 厘米，宽 47 厘米，碑文如下：

古之遗爱

太子少保兵部尚书总督闽浙部愚弟孙尔准；兵部寺郎巡抚福建提督军务愚兄韩克均；提督福建学政内阁学士愚弟陈用光；署镇闽将军统辖陆路副都统愚弟富亮；福建提督陆路等处地方军务愚弟马济胜；署福建水师提督军务愚弟陈化成；提督广东全省水师军务愚弟李增阶；福建兴泉永分巡兵备道愚弟倪秀。

又有刘起龙《御祭文碑》，此碑位于墓堂右侧，为青麻石，楷书阴文，高 46 厘米，宽 47 厘米。碑文如下：

御祭文

皇帝谕祭病故原任福建水师提督刘起龙之灵曰：鞠躬尽瘁，臣子之芳踪，赐恤报勤，国家之盛典，尔刘起龙，性行绝良，才能称职，方冀遐龄，忽闻长逝，朕用悼焉。特颁祭典，以慰幽魂。呜呼，宠锡重炉，庶沐匪躬之报，名垂信史，聿昭不朽之荣，尔如有知，尚克歆享。

明武略将军徐勋墓

建于明初，区级文物保护单位，原墓搬迁至大鹏所城东北校场。

赖太母陈夫人墓

建于道光十九年（1839年），深圳市级文物保护单位，位于大鹏所城东侧。

东北校场遗址

建造年代不详，东北校场遗址位于大鹏所城以东的龙头山腰处。

西南校场遗址

建造年代不详，位于今鹏城校场所尾海边，现已被建成度假村。

东山寺石牌坊

始建于明代，1994年重修，深圳市级文物保护单位，位于大亚湾畔龙头山腰东山寺。据清康熙二十七年（1688年）《新安县志》载："东山寺，在大鹏所东门外山上，中为观音堂，左为上帝殿，右为文昌阁，前为三宝殿。"东山寺占地面积约1400平方米，分三进。大门门楣上置"东山古刹"石匾。东山寺背山面海，风景极为幽雅。寺前立有"鹫峰胜境"石牌坊，为四柱三间三楼式，均用花岗岩雕砌而成，大方而壮观。石柱前后均有护柱嵌于槽中，三楼间均有榫槽相接，柱顶饰"山"字形，中楼上饰一石珠，石板面向前后斜，有檐槽。中楼横额上书"鹫峰胜境"四个阳文行楷，雄健有力，落款署"咸丰四年"。此乃惠州人大鹏协副将张玉堂的拳书。背面横额，上书"鹏岛灵山"，两侧署"金州……"左右两楼前后均有雕花图案。1944年7月，抗日东江纵队在东山寺开办了"东江纵队军政干部学校"，由东江纵队副司令员王作尧兼任校长。后此校改为抗日军政大学第七分校。20世纪50年代后，东山寺多次遭到破坏，面目全非。1994 年，当地村民及华侨自发捐款百余万元对东山寺进行了重修。根据调查，原东山寺的建筑面积约为 1400 平方米，有山门、华表、关帝庙、大雄宝殿、观音庙、钟鼓楼等建筑，现仅存石牌坊 1 座。

东山寺墓塔

建造年代不详，区级文物保护单位，位于大亚湾畔龙头山腰东山寺。

东山寺住持墓

建造年代不详，区级文物保护单位，位于大亚湾畔龙头山腰东山寺。

龙井

建于清嘉庆年间（1796—1820 年），区级文物保护单位，位于大鹏街道鹏城东门外的龙头山下，据清嘉庆《新安县志·山水略》记载："龙井，在鹏城东山麓，横开一穴，泉流不竭，其水夏寒冬温，甘美与他泉异。"现在的大鹏龙井以西修有排水涵及宽敞的大路，路旁新立混凝土牌坊，上阴书"大鹏龙井"四字。

赖绍贤夫妇墓

始建于清代晚期，民国十六年（1927 年）重修，区级文物保护单位，位于大鹏街道鹏城社区园内，赖绍贤为清水师提督赖恩爵长子，咸丰年附贡生，封奉直大夫，其夫人诰封五品宜人，该墓为赖绍贤与原配夫人黎氏合葬。现状整体保存较好，是一座近现代重修的清代晚期典型墓葬。

荣荫桥

始建于清，区级文物保护单位，位于大鹏所城东之三角潭畔。据传为赖英扬所倡建。嘉庆《新安县志·建置略·津梁条》载："荣荫桥，在大鹏城东，嘉庆十年建。"

此桥为三孔平架石板桥，桥之两头皆有一个半月形的桥引，中间有两个橄榄形高约 3 米的桥墩，桥面宽约 1.5 米，每孔为四条石条拼成。桥全长约 18 米，此桥是由大鹏所城往西南校场的要道，是鹏城附近保留得最好的一座古桥。

登云桥

始建于清代，区级文物保护单位，位于大鹏所城西门外大环河上，1985 年 10 月 12 日深圳市博物馆前往调查时发现。据清嘉庆《新安县志·山水略》载："登云桥，在大鹏城西，嘉庆二十二年县丞余鸣九、守备张清亮倡建。"桥为三桥墩，均用花岗岩石砌成，每孔用上条花岗石板，原宽为 1.6 米，桥全长为 10.43 米，高为 2.4 米。原在桥西路侧立有一石碑，现碑已失，碑座犹存。

第五节　附属文物与其他保护要素

一、其他附属文物

碑碣 6 通（方）。

参戎许总爷去思碑

刻于清代，石碑为长方形，青灰麻石，高 146 厘米、宽 72 厘米。碑文全为阴刻，碑额横书"参戎许总爷去思碑记"九个大楷。碑为清雍正年惠州协大鹏营目兵思念他们的总爷大鹏营参将许国腾而立。许国腾为惠州协大鹏水师营第二位参将，福建海澄人，贡生，雍正六年（1728 年），以带兵有方，深谋大略升任大鹏水师营参将。在任间能与兵士同甘共苦，赏罚分明，军威大振，士气昂扬，是一位出色的将才。雍正十年（1732 年）夏升任澄海协帅，大鹏水师营全体牟兵为怀念许总爷，特立去思碑于大鹏城西门外南侧墙边，永垂不朽。

清赖英扬祖母墓碑

刻于清道光年间，墓碑原置于大鹏城内正街振威将军第内。现由大鹏古城博物馆收藏。碑为青麻石，高52厘米、宽37厘米、厚5厘米，上刻："皇清诰封正二品夫人显祖妣赖太母黄老夫人之墓。孙浙江定海镇总兵官赖英扬，大鹏营外委把总升扬，香山协左营千总信扬。曾孙龙门协副将呼尔察图巴图鲁恩爵、恩沅、恩普、恩华、恩禄、恩纶、恩隆，元孙绍贤、绍平、绍魁、绍元、绍裘等同立。右侧为：清道光庚子年季夏上浣吉日重修。"

赖云台墓志铭

刻于清代，赖云台墓原位于龙岗区大鹏镇水贝村北约1公里处的虎地牌西坡，墓向正西。后因被认为风水不好而迁往他处，现只剩一空墓。石砌的墓拱、墓堂、拜台等，墓前的石狮、石马、石人和华表等也歪倒在地（1996年由大鹏镇政府收集搬至鹏城村委，其后不久成立大鹏古城博物馆。1997年12月，该馆又将这批石刻迁至大鹏古城南门前陈列）。赖云台墓志铭及风水铭就嵌于墓堂的左右两侧，1984年6月间为深圳市博物馆所征集。

墓志铭长80厘米、宽50厘米，均为阴文小楷，记载了赖云台的戎马生涯及功绩："显考云台府君，乃广州府新安县之大鹏所城人也，生于乾隆戊戌年十二月初十日戌时，少而肆业读书，长则投笔从戎，历拔大鹏营外委、获盗著劳，升补把总，坐驾楼船，身先士卒，擒获乌石二等洋盗三百八十二名案内，升授水师提督中营千总，署理广海寨守备调署提标右营守备，署理洲营都司，阳江镇中军游击，兼获阳江镇总兵印务。续署海门营参将，题升碣石镇中军游击，历升平海营参将，署理龙门协副将。道光十一年五月，内统带宫兵剿办崖州黎匪，善后事宜告竣，旋奉奏署琼州镇总兵，续署香山协副将，奏升澄海协副将，署理碣石镇总兵官。道光十八年正月初一，钦奉上谕补授浙江定海镇总兵官，是年五月内到任，十九年二月内陈请终养未遂，旋于三月初一接到讣音，因刘太夫人在籍仙游，随报丁忧回籍守制，经营岁，竭尽孝思。不料道光二十年四月内忽患气喘病症，调医罔效，竟于道光二十年六月初五亥时在籍寿终正寝，享寿六十岁，爰为之缮述生平官阶、历任用镌诸石，以垂不朽云尔。"

刘起龙功名碑

刻于清道光十一年（1831年），碑正反面均刻有文字，正面为刘起龙所立之家谱，反面为清道光十一年，朝廷为刘起龙所立的"功名碑"。

刘起龙"功名碑"碑文如下：（正面）公之会□明，祖讳闰高，生□芳，皆诰赠如公。秩母黎氏，诰赠一品夫人。本生父讳仕开，贻封武显将军，南澳镇总兵。生母陈氏，诰封夫人。嫡配林夫人乃林文学鹏高公女，副室陈氏潘氏。子二人，长重亮现任大鹏营左哨头司把总，次盛桂庶母陈氏出，幼学。孙祖全，长子重亮出。兹因勒石爱并志以垂不朽云。皇清诰授振威将军刘起龙立。（反面）尝思莫写之前虽美弗彰，莫写之后虽盛不传。故人之丰功伟烈欲信今而传后者，未有不勒碑刻铭以垂永久。况秩秩犬猷，并蒙保障，为朝廷所倚赖如振威将军云齐刘公者乎！公讳起龙，字振升，号云齐，广东新安县人也。英年从事戎行，嘉庆八年，得通仕籍，垂三十年，驰驱王事，兢兢业业，鞠躬尽瘁以报效国家。至道光六年擢升福建提军。叨蒙赐恤，叠授恩荣方异享遐龄。应厚实以乐天年，乃忽然长逝，遽召玉楼，于道光十年正月十二日告终福建提督任所，享年五十有九岁。道光十一年岁次辛卯仲春花月谷旦。

该碑雕刻精美、资料丰富。碑文说明刘起龙将军的"本生父"名刘仕开者，为南澳镇总兵，封武显将军，正二品。另碑文说明刘起龙将军死于道光十年（1830年），享年59岁，这一条提供了刘起龙将军的生卒年，具有重要历史价值，为二级文物。

重修大鹏所城碑记

刻于清光绪七年（1881年），2001年大鹏古城博物馆根据社区居民提供的线索，于大鹏古城内东北华光庙旧址发现清光绪七年（1881年）碑。当时该碑作为灶台，切成四块，经拼合仍不完整。

"重修大鹏所城碑记"八字为篆书，碑文内容为隶书，书法端正秀丽。碑文记载大鹏古城于光绪七年进行最后一次重修，重修时的规模与大鹏古城始建时的规模一致等，对研究大鹏古城历史有重要的参考价值，现藏大鹏古城博物馆。

重修城隍庙乐助芳名碑

刻于清道光十九年（1839年），共两块，为三级文物。以下为部分碑文：水师提标右营把总谢鹏飞助银陆大圆；平海营外委欧阳俊助银陆大圆；署大鹏协右营把总戴英麟助银陆大圆；信仕罗贤英助银陆大圆；信仕戴成礼助银陆大圆；信仕方德熙助银陆大圆；大鹏协左营把总吴文瑶助银四两正；信贡李植南助银五大圆；原署大鹏协右营守备王应凤助银五大圆；香山协右营外委施上进助银五大圆；原任大鹏协右营外委欧阳深助银五大圆；信监徐式仪助银五大圆；署水师提标右营千总陈其祥助银四大圆；水师提标左营把总赖显辉助银四大圆；大鹏协左营把总何岳丰助银四大圆；署大鹏协左营把总罗瑞琼助银四大圆；署大鹏协右营把总何镇邦助银四大圆；署大鹏协右营把总苏维得助银四大圆；州司马潘霖助银四大圆；信监黄安贞助银四大圆；原任大鹏协右营外委叶云亮助银四大圆；乡钦袁巨成尝助银四大圆；信仕萧应贵助银四大圆；钟英和店助银四大圆；署大鹏协左营千总朱上升助银叁大圆；署大鹏协右营千总樊耀升助银三大圆；署大鹏协右营千总邱超助银三大圆；诰封修武校尉罗鸣华助银三大圆；信监陈秀龄；信监李群芳；信监刀济邮；信贡黄鹏飞；信监刘凤祥 信监凌宵 以上助银二大圆；大鹏协□营外委徐胜麟助银二两；大鹏协□额外刘盛槐助银一两六分；江遇明；欧阳；余殿杨；戴振猷；张朝凤以上助银一两六分；樊启明助银一两九分；张魁立助银一两五分；大鹏协右营把总曾捷龙助银二大圆；大鹏协左营外委刘学成助银二大圆；大鹏协左营外委何庆龙助银二大圆；大鹏协左营外委姜荣助银二大圆；大鹏协左营外委戴超麟助银二大圆；大鹏协左营外委徐应荣助银二大圆；署大鹏协右营外委徐飞万助银二大圆；（以下十八行因风化严重，无法辩认）叶遇荣；天和店；孙凡文；陈如灿；赖天和；信官刘国昌；郑锦宽；郑文和；以上助银一两；署大鹏协右营外委罗鹗秋助银九厘正；信官李尚桐、苏锦章二名助银九厘正；苏镇升、王国熊二名助银八厘五分；水师提标后营额外赖荣高助银一大圆；署大鹏协左营外委苏日雄助银一大圆；署大鹏协左营外委关威汉助银一大圆；信庠袁学昌、信庠潘济津、信官黄德辉、信官黎逢春以上助银一大圆。

　　叶逢春、刘建韬、王广升、徐飞熊、徐标、徐殿亮、罗沾恩、戴应板、樊照聪、刘国秀、黄兆麟、黄兆凤、詹有得、欧演清、黄兆清、黄朝胜、刘进荣、黄朝亮、卢英俊、赖建华，信仕王大恩、李世英、袁闰保、芳英扬、曾乘毅、廖万昌、欧阳喜昌、廖朝佐、陈茂木、李维南、周悦宽、黎悦光、李廷扬、盛和店、严旭辉、凌尚雄、林廷佐、钟同兴、林琼容、昌合店、黄孔谋、张德明、张祜得、裕合店、欧阳皇、腾和度、郑亚元助五厘十文，张丁姐助银五厘，信仕庄寿、荣昌店、裕兴店、德利店、刘仕华以上助银二。

二、其他班保护要素

古井 8 眼、古树 9 株。

高井

明代中期，位于大鹏粮仓东北侧，口径 1.5 米，由明代城墙砖砌筑而成。

大井

年代不详，位于城内东北角，井深 6 米，井口为长方形，长 0.96 米，宽 0.48 米，为三层，下两层为花岗岩石板，上层为水泥灰砂，井下为椭圆形，未砌砖石，长径 2.3 米，弦径 1.8 米，上小下大，墙为黄土质，井口在东北角。

红花井

年代不详，井台为灰砂砌成，呈 2 米见方。井栏为一整块的花岗岩石块凿成，上方下圆，口径是 0.45 米，下呈方形，井墙均用花岗岩石块砌成，井口至井底深 3.4 米，周围有排水沟。

窄井

年代不详，井栏为一整块的花岗岩石块凿成，现管理人员采用铁栏杆维护，为戴屋巷居民常用水井。

石井

年代不详，井栏为两块花岗岩砌成，井台为灰砂砌成。外径 1.06 米，口径 0.62 米。石井全年有水，周边居民每天取用，做生活用水或饮用水。现井内有放养鲤鱼。

西城巷井

年代不详，井栏为多块花岗岩砌成，井壁长满杂草，现管理人员采用铁栏杆维护，为城西北居民常用水井。

左堂署古井

年代不详，左堂署古井位于左堂署遗址范围内。

城隍庙古井

年代不详，城隍庙古井位于城隍庙遗址西北侧。

第三章　现状图

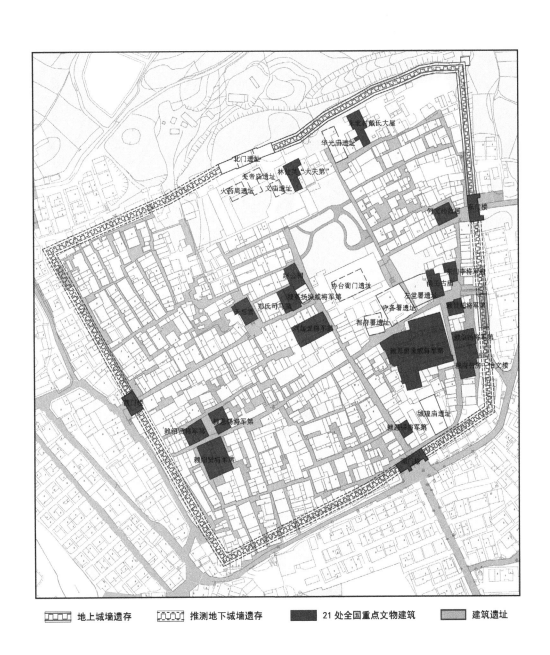

北门戴氏大屋

华光庙遗址

北门遗址

关帝庙遗址　　林氏故居"大夫第"

火药局遗址　文庙遗址

内关将军府　五间楼

关公祠

协台衙门遗址　　　　　李将军第

钦差扬振威将军第　　　　天后宫

郑氏司马第　　　左堂署遗址

都府署遗址　中备署遗址　　温将军第

城堡将军第　　　微恩即吴威海军第　　　　温同扬世培文楼

街廉堂

郑恩将军第　城隍庙遗址

赖绍俭将军第　　　　赖威将军第

赖翌贤将军第

▨▨▨ 地上城墙遗存　　▨▨▨ 推测地下城墙遗存　　■ 21处全国重点文物建筑　　▨▨ 建筑遗址

41

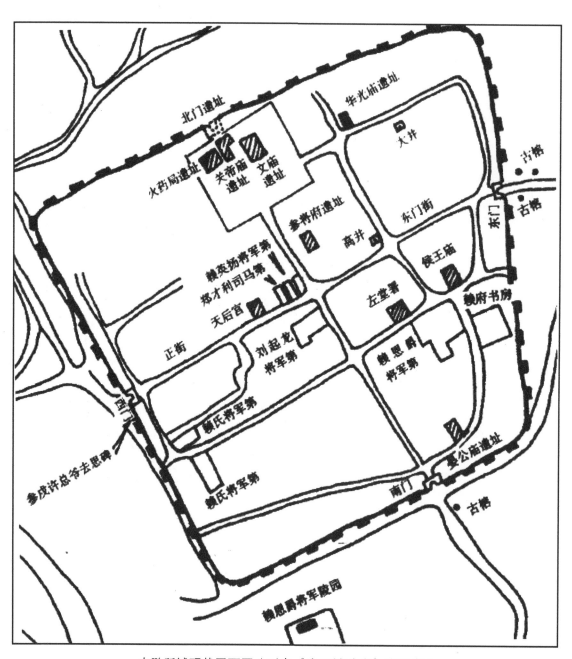

大鹏所城现状平面图（引自《中国城池史》张驭寰）

街巷

左堂署遗址

大鹏所城模型

评估篇

第一章　价值评估

第一节　历史价值

1.大鹏所城在我国军事城防体系发展中，是明清海防卫所的典型代表，对海防建设及海防史的研究，具有重要的历史价值。

（1）卫所体系

明朝建立后，明太祖朱元璋总结前朝军事建制经验教训特别是唐朝兵总制以及自身见过征战过程中的经验，创立了"卫所"制度。《明史》卷八十九记载："革元旧制，自京师达于郡县。皆立卫所。"《明会要》记载："卫所者，分屯设兵、控扼要害措置，京省，统于都司而总隶五军都督府。"

大鹏"所"因其战略位置非常重要，故别于一般的千户所为"守御"千户所（大鹏守御千户所设立之前全国仅有守御千户所 65 个），守御千户所设不由卫指挥使司统属，而直接由都指挥使司管辖，即大鹏守御千户所虽在南海卫的范围内却由广东都司直属，故大鹏所城与卫一样设指挥一职。

中国现存海防遗存主要分布在浙江省、福建省及广东省等东南沿海地区，其中以广东省海防遗存最为丰富。但随着战乱的破坏，时势的变迁，社会环境的变化，地质灾害的影响，工程项目的兴建，加之管理的缺失，很多海防工程多已失去原有功能。目前大鹏所城较好地保留了原有的历史格局，并作为中国东南沿海现存最完整的明代军事所城之一，对研究我国古代卫所体系的演变发展具有极为重要的历史意义。

现存明代海防所城遗址

序号	所城（寨、堡）	所属都卫	地区	现存遗迹
1	大鹏千户所	南海卫	广东	占地 11 万平方米。城门经后期修缮、复建均保存完好。城东保留原城墙遗址。城内将军第、民居、街巷保留完整
2	雄崖千户所	鳌山卫	山东	南、西城门和门边城墙遗迹；古石板十字大街；大量古代民居、数条古巷；古城周边遗留多处古代遗址
3	蒲壮所城	金乡卫	浙江	城楼除西城楼已毁外，另两处尚存；城内街巷至今几无变动，道路狭窄，块石和卵石铺面；城内多处古建筑
4	桃渚所城	海门卫	浙江	除西瓮城部分损毁，古城基本保存完整。以主街道为干，10 余条古巷与之垂直相向，道路格局保存完整
5	梅花千户所	镇东卫	福建	东门一带城墙保存尚好；东、西、北三面残墙断续相连；南面两城墙已毁而基址可辨；部分民居，街巷肌理尚存
6	大金千户所	福宁卫	福建	保存基本完好，城内一条以条石拼铺的宽 7 米的大街直贯东西，长 1200 米
7	崇武千户所	永宁卫	福建	古城墙保存完整，全部由花岗岩条石砌成，现状杂草丛生，部分地段被非法占用
8	六鳌千户所	镇海卫	福建	高约 5 米的古城墙全部为长条石砌筑，绕山腰一周，城内多为古老石屋、古榕树随处可见。城内有乾隆年间修建妈祖庙一座，现民居废弃
9	悬钟千户所	镇海卫	福建	一部分城墙有所坍塌，基本城郭保存完好。现存城垣周长约 1800 米，东门、南门保存较为完整，南城门有瓮城，东西长 13.2 米，南北宽 8.8 米。城内有关帝庙
10	大城千户所	潮州卫	广东	4 个城门尚存，东西城垣尤为完整，民居街巷尚存
11	靖海千户所	潮州卫	广东	尚存 1300 米城墙，东门、北门、瓮城完整如初；城内北门一带的古老民居、石板老街保存完整

广东省现存海防所城遗存

项目	大埕所城	平海古城	南头古城	大鹏所城
年代	始建于明洪武二十七年（1394年）	明洪武十八年（1385年）	洪武二十七年（1394年）	始建于明洪武二十七年（1394年）
位置	广东省饶平县所城镇	广东省惠州市惠东县平海镇东海村	广东省深圳市南山区南头天桥北8米处（深南大道旁）	广东省深圳市大鹏新区大鹏街道办鹏城社区大鹏古城
地位	是明清闽粤沿海的军事要地	历来是海防重镇和惠州南部海运进出口的咽喉	系江海交通要冲，海防军事重镇	是岭南重要的海防军事要塞
编制	千户所	守御千户所	守御千户所	守御千户所
级别	省保	第一批历史文化名城	—	国保、中国历史文化名村
现状保留	现四城门基本完好。东、北两面城墙尚存，西、南城墙已残缺。城中保存了三街六巷的基本格局	现四城门基本完好；大部分城墙已残缺	占地面积约7万平方米。现仅南城门保存完好，北城墙仅剩遗址。城内历史街道完整，并居住15000多人，是目前深圳最具规模的历史文物旅游景点	占地面积11万平方米。城门经后期修缮、复建均保存完好。城东保留原城墙遗址。城内将军第、民居、街巷保留完整。深圳市爱国主义教育基地，"深圳八景"之首

（2）卫所兵制

卫所兵制度是在元代兵制和汲取唐、宋兵制优点的基础上建立起来的。《明会要》记载"五府无兵，卫所兵即其兵，屯操、守城、运量、番易，防唐府兵遗意"。《明史》卷八十九记载"度要害地，系一郡者设所，连郡者设卫，大率五千六百人为卫，千百二十人千户所，百十有二人为百户所，所设总其二，小旗十，大小连比成军"，分别由指挥使、千户、百户、总旗官、小旗官等率领。大鹏所城亦沿袭该制度。

此外为保军源和战力，卫所军士世袭，与其家属另立军籍，是为军户，全家迁至指定的卫所世世代代为军，若为军的长子死亡或老病，则由次子或余子顶替为军，若全家死亡或老病，则到原籍族人中找人顶替。军户不由地方管理而且直属朝廷，由五军都督府直属，不得随意脱籍。这样，卫所制度为朝廷提供了稳定的兵源，以储备兵力，以备调遣。卫所的军士世袭制度，大鹏所城居民逐渐形成世代当兵的传统，这种传统直至卫所制度衰弱废除甚至大鹏所城遭裁撤也没有改变。很多大鹏所城人因出外当兵，立了军功当了将军回来竟多达十几个，清中叶的大鹏所城达到了顶峰，相继出现了三个水师提督四个总兵、副将、千总以下更是多得不可胜数。卫所军士世袭制度是大鹏所城人曾经代出名将的主要原因。

大鹏所城实行军士屯田制度。军户由国家分给土地、种子、耕牛等生产资料。屯田自养，这样，朝廷可以省去一笔庞大的军饷和运输军事物资的人力、物力。屯田也可以使因长期战乱荒芜的土地和边疆尚未开发的"蛮荒之地"得到开发。

大鹏所城卫所兵制发展的同时又为所城遗留下来众多优秀的历史文化遗产，形成了大鹏清醮、舞草龙、大鹏山歌等优秀传统非物质文化遗产传承至今，众多历史文化遗存，对卫所体系制度的研究，提供了宝贵史证。

（3）卫所格局

大鹏所城始建于明洪武二十七年，隶属于南海卫，归广州府辖，是岭南地区重要的军事要塞。是我国目前保存下来比较完整的海防卫所城池之一，也是我国古代城市营造制度和军事防御结合的典范。

康熙《新安县志·地理志》载："……沿海所城，大鹏为最……内外砌以砖石，周围三百二十五丈六尺，高一丈八尺，址广一丈四尺，门楼四，敌楼如之，警辅十六，雉堞六百五十四，东西南三面环水，壕周围三百九十八丈，阔一丈五尺，深一丈。"

清嘉庆舒懋官《大鹏所城图》

所城平面呈梯形，十字街贯穿全城，建设东、南、西、北四座城门，街道规整，轴线分明，衙署居于城中偏北位置，竭力体现《周礼考工记》中"方城""垂直""居中""对称"的礼制等级制度，是用地现实与理想城池格局之间的统一，为明代"卫所制度"、中国海防史、城镇规划建设史、明清民俗文化及岭南地区古建史的研究提供了宝贵资料。

（4）卫所选址

大鹏所城隐于大亚湾的大鹏北半岛上，三面环山，南向隔海以大鹏山为屏障，依山傍海地势险要，前有龙歧海澳可停泊战船，出海平寇，后依排牙山后的惠州大后方，可谓进可攻退可守。沿海地区、海洋、海岛地理环境对于海防安全的影响十分重要，大鹏所城特殊的地理要素环境对于为海防建设、要塞守卫、军队布防和海洋作战提供强大保障。

大鹏所城由始建时的"守御千户所"到清康熙时的"营"再到清朝后期道光时的"协"的 600 多年间，经历了明清海防制度的演变历程，是我国古代海防制度发展历程的写照，对研究明清海防建设及海防发展史具有极为重要的历史价值。

2. 大鹏所城在深港城市发展史上，是深港地区城市发展历史变迁的历史见证。

（1）深圳"鹏城"的发源地

大鹏所城始建于明洪武二十七年（1394 年），距今已有六百多年的历史，全称为"大鹏守御千户所城"。深圳一词的出现，最早的资料是康熙二十八年（1689 年）在深圳河上修筑惠民桥。深圳又名"鹏城"，其鹏城之称源于"大鹏"，有"沿海所城，大鹏为最"之称。

（2）深圳发展的历史见证

大鹏所城的建成，对深圳地区的政治、经济、军事、文化等方面都产生了深远的影响。

大鹏所城建城前的深圳地区，人烟稀少，而大鹏所城的一千一百二十户人家三千余人聚居于一个近十万平方米的城中，大鹏所城理所当然地成为一个区域的政治中心，到了清代，雍正四年（1726 年）所设的驻守大鹏所城的正八品官新安县县丞，管辖深港东部的一百条村，这种政治中心的地位一直保持到 1947 年刘士学新任大鹏区长时把区署迁至王母墟。

大鹏所城建成之前，深港地区生产力极为落后，大多是穷山恶岭，闭塞而落后，甚至还处于刀耕火种的水平，是"蛮荒之地"。大鹏所城的军士都来自北方中原地区或经济相对较为发达的地区，为深港地区带来较为先进的生产方式和生产工具，他们对深港东部地区的大规模开发，大大促进了当地经济的发展。由于军事的需要，大鹏所城还设立了众多的急递铺："大涌铺……月冈铺……彭坑铺……大鹿铺……下冈铺……大鹏铺在铺东一百二十里，已上六铺由急递以东通大鹏所，路颇偏僻，皆无铺舍坊牌。"这些急递一定程度上改变了大鹏所城闭塞落后。大鹏古城博物馆发现的"重修城隍庙乐助芳名碑"（清道光乙亥年即1939年）中统计的大鹏所城里的店号居然多达三十几家，说明这时的大鹏所城已相当繁华热闹，成为区域经济、商业中心。

大鹏地区目前也是深圳东进发展重点，未来同样会在城市发展中留下浓厚的一笔。

（3）香港历史变迁的见证

1842年鸦片战争失败，香港岛被英国占据，大鹏协的地位更加重要。道光二十六年（1846年）决定在九龙寨炮台基础上修建九龙寨城。1862年，第二次鸦片战争失败，九龙半岛南部被英国割占。1898年，中英签订《展拓香港界址专条》，英人强租深圳河以南地区，大鹏协除左营本部大鹏城及盐田、老大鹏汛外，其余因在英租界内，全被裁没。

3. 大鹏所城在深圳文化发展序列上，是深圳地区文化发展历史的重要节点。

大鹏所城周边分布了众多的历史遗迹，包括龙井、东山寺、古墓葬、咸头岭古文化遗址等众多历史遗迹，是深圳地区文化发展历史序列的实物见证。

4. 大鹏所城在我国近代史上，揭开了我国反殖民反侵略战争的序幕，九龙海战成为鸦片战争的起点，是捍卫国家主权的重要体现。

大鹏所城的建设，填补了大鹏半岛军事的空白，作为我国南部沿海的海防重镇，大鹏所城自建制以来，起到了至关重要的防御作用，多次抵御和打击葡萄牙、倭寇和英殖民主义者的入侵，奏响了一曲曲抗击外来侵略的壮歌，记述着无数先烈们抵御外侮的历史和功绩。晚晴时期鸦片战争中著名的九龙海战即发生于此。

1839年9月4日，义律和窝拉疑号（Volage）舰长史密斯（H. Smith），率五艘船至九龙，要求中国官员供应食物，未达到目的后，史密斯下令向在该处的大鹏协水师营三艘兵船发动突然袭击。由于是突然袭击，加上敌众我寡，赖恩爵部的处境一度非常困难，他一面命令九龙山炮台向英军开炮，一面辗转舟楫，利用我方兵船小巧便利，与英方的船舰进行周旋，趁机指挥小船靠拢英军，就近开炮，而英军辨不清方向，只好仓皇退却。九龙海战历时5小时，中方两名士兵阵亡，两名重伤，四名轻伤，兵船稍有破损。而英方的伤亡情况，据新安县知县梁星源禀报："夷人捞起尸首，就近掩埋者，已有十七具，又有渔舟叠见夷人随潮漂荡，捞获夷人帽数顶。""英军受伤人数不计其数。"

九龙海战中打响了抗击英殖民者入侵的第一枪，这也是中国近代史上一系列反侵略战争中的第一仗，从而揭开中国近代史的序幕，充分体现了中国人不畏强暴的英雄气概，是中国人民打击外敌入侵并取得辉煌胜利的历史见证，因此大鹏所城在研究鸦片战争与香港、深港军事关系中，也具有不可忽视的历史地位。

道光初年香港之汛营及炮台位置图

九龙海战战点

第二节　艺术价值

1. 大鹏所城的建筑结构、装饰特色突出，是该地区传统建筑设计美学的精髓。

因受到广东客家民系、广府民系、潮汕民系建筑营建手法的熏陶，大鹏所城内的建筑在建筑结构、外观造型、色彩搭配以及装饰风格上都有浓厚的风格，呈现出极高的艺术欣赏价值。

（1）建筑结构

大鹏所城内建筑具有多样的建筑梁架架构形式，集中了北方建筑的抬梁式架构，南方的穿斗式及岭南建筑常见的梁架做法，表现了南北建筑艺术的大融合。

（2）建筑装饰

大鹏所城内建筑装饰装修丰富，做工精细、纤细灵巧。彩画颜色各异，题材多选富贵、吉祥图案及岭南的花草树木果实，精美绝伦。

屋脊：其装饰多吸收了岭南传统建筑中的带有海洋文化色彩的因素，或做成高翘飞扬的船形脊，或做成两头透视的博古屋脊，形式优美。

山墙：所城内建筑多用"人"字形山墙，少数建筑采用镬耳山墙，即金式[①]，极具韵律感，极大丰富了所城的天际轮廓线。此外金式山墙上饰有的八卦饰件及灰雕，又极大地增加了山墙的艺术效果。

漏窗：有遮阳和阻挡视线的作用，一般用于对外的围墙或对内的庭院内，材质多是陶制或砖制，漏窗窗花丰富，多为集合形图案，极具欣赏价值。

木雕：在"将军第"建筑中应用较多，多出现在大门两侧、建筑封檐板、神龛等部位，表现题材多是富贵吉祥、花草树木等内容，有浮雕、透雕、通雕等形制，极其精致，精美绝伦。

---

① 潮汕和客家地区，墙头有五种形式，即金、木、水、火、土五式。在居民建筑中多用水式、金式。根据五行相生相克之说，金生水，水克火。其心理意图便是采用这种祈望平安的隐喻手法，达到防火压火、保屋守平安之目的。

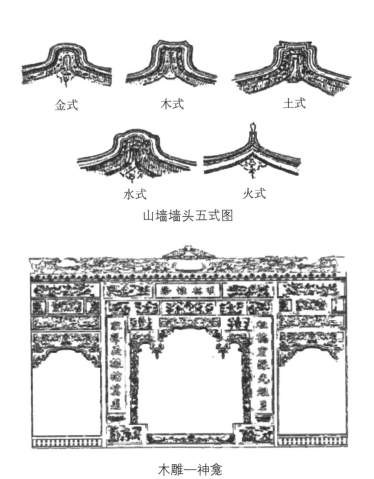

金式　　　木式　　　土式

水式　　　火式

山墙墙头五式图

木雕—神龛

2.大鹏所城肌理是丰富多变和强烈秩序感的体现，是独特的古城艺术特征的表现。

街巷是古城肌理的骨骼，依城内地势和建筑位置而建，布置灵活，曲直随意，且街道边缘凹凸不一，变化丰富，构成了尺度宜人的街道空间。

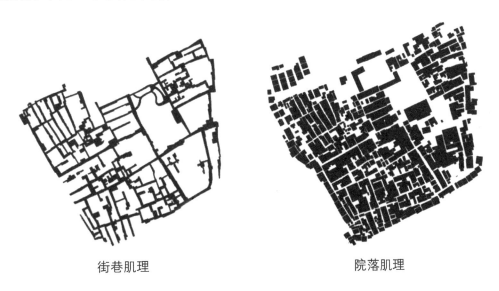

街巷肌理　　　　　　　　　院落肌理

院落是古城的背景和"图底"，是按阶级等级制度限定和划分，不同尺度院落的重复，共同表现为一种带有强烈秩序感的均质特征。

第三节　科学价值

1.大鹏所城的建筑特殊结构、材料和工艺，地域特色明显，是人民聪明智慧的重要体现。

（1）建筑结构

大鹏所城建筑在建筑结构、材料、构造和工艺上有很强的地域特征，所城民居建筑结构为砖木或土木混合结构，木屋盖、板椽、硬山搁檩坡度多为五举以下，同时许多民居建筑还保存有广府地区传统特色的樘栊门。

（2）建筑材料

大鹏所城因距海较近，建筑材料的选择也极为用心，建筑的檐柱、基础、墙裙等室外部位，多用花岗岩，这与当地生产这种石料有关，另外因其质地坚硬，耐雨淋、日晒；多用贝壳灰（蚌壳灰和蚝壳灰）代替石灰，有利于防止海风对建筑的酸性侵蚀。

（3）建筑工艺

建筑墙体下部先用花岗岩石条勒脚，主要用来防潮，上部是为水磨青砖砌筑，其后用贝壳灰、糯米浆加糖水等材料涂抹外墙面，墙体结实牢固，可以经上百年而不倒，还可以增强抗力，抵抗海风吹来的盐分对墙体的腐蚀。

2.大鹏所城的建筑的布局形式因地制宜、随形附势、密集紧凑，是地方科学造城的重要代表。

（1）大鹏所城完善的排水系统

大鹏所城的建设利用地形条件，充分考虑城内的排水系统的布置。所城从地形看，就像坐落在龟背上，呈现北高南低，中部高，东南西三面低的格局，这就直接决定城内排水的流向，不仅如此，城内建筑天井的排水格局也基本复制了这一种地理优势。天井由长条石嵌合而成，中间高，四周低，雨水由四个出水口收集，并经由地下的暗沟排出，与屋外四通八达沿街布置的明渠相连。值得注意的是，在有些建筑天井东南角的出水口下方有一个沉淀池。天井收集的雨污水在此汇集后，沙土污物等重浊之物沉降于池底，水则从上方与池子相接的暗沟流逝。沉淀池上方有石可移动，这为定期清理淤积之物，防止下水道堵塞提供了便利。

（2）科学的建筑平面布局

大鹏所城内建筑结合当地气候潮热的特点，采取密集布局的形式，建筑之间用天井相隔，天井之间通过厅堂、巷道相连，形成外封闭、内开敞的建筑空间，其建筑组合形式既可减少太阳辐射，又有助于建筑内部的通风换气，是地方科学造城的重要体现。厅堂与天井紧密结合，室内外联通，形成外封闭、内开敞的建筑空间，体现了军事防御建筑美学。

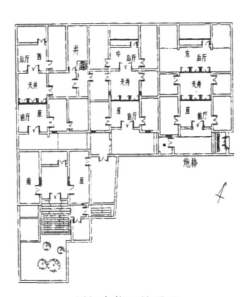

刘起龙将军第平面

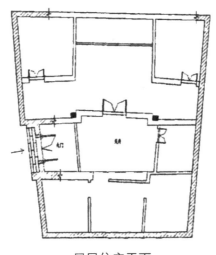

居民住宅平面

（3）天际线

大鹏所城群山环抱，玉水缠腰，背山面海，自然环境优良，山、水、田、城的完美结合，形成了多层次的天际线，增强了整体景观的艺术效果。

（4）建筑轮廓

大鹏所城内建筑为线性布置，建筑布局多顺应地形，层层跌落，使得建筑轮廓起伏多变，层次丰富，极具艺术特色。

3. 大鹏所城城墙的建造技艺，对我国军事防卫建筑的研究，具有重要的科学价值。

大鹏所城平面呈不规则梯形，城墙用黄黏土夯筑而成，城墙下宽6米，上宽3.5米，高5米，外表面用砖石垂直包砌，对外起到积极的防御作用，内表面用石块斜面铺砌，对内起到便于进攻的作用，同时也增加了墙体的稳固性。

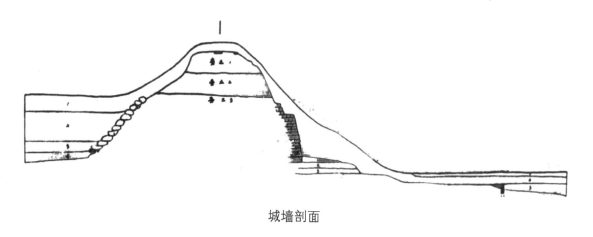

城墙剖面

4. 大鹏所城的建造选址，对明清海防军事防卫体系的研究，具有重要的科学价值。

（1）传统造城选址

大鹏所城在选址上体现了中国古代典型的自然观，其风水格局是中国古代堪舆学说应用于城市规划中的典型案例。按照中国古代堪舆学说，七娘山即为大鹏所城的案山，排牙山为镇山，东山和西山分别为所城的护砂，与传统的造城选址十分契合。

（2）系统防卫布局

大鹏所城是以军事防卫而建立的城池，隐蔽于大亚大鹏半岛北部，三面环山，南以大鹏山为屏障，形成避风海湾，海面过往船只难以发现所城所在。

所城建成地点为一小山坡，地势由北向东、西、南三面倾斜，设东、南、西、北四城门。其挖山之土往周围堆，再包砌砖石即为城墙。城外东、西、南三面掘以护城河，"四时灌水"。所城内外设有跑马道，便于环城据守，周围有利瞭望的山头设有墩台四座；野牛墩、大湾旧大鹏墩、水头墩、叠福墩。以上每墩驻守旅军五人。大鹏辖地实设墩台四座；盐四墩台一座，设千总一员，安兵二十五名；鸦梅山墩台一座，安兵一十五名；东坑墩台一座，安兵一十五名；西山墩台一座，安兵十五名。发现敌情，各墩台"连接走报……日则举烟，夜则举火，敢有私自下墩台者，棍打一百，离墩所回家躲闲者斩首，传示如失报误事、若已得邻墩之报，而不即传闻误事者，亦斩首"大鹏所城建成后，相继在城东北和西南设东、西校场以操练士兵，还在城前龙岐海澳镇填筑一长近800米的"海底小长城"。大鹏所城前的龙岐海澳，大多是浅水的海滩，每逢退潮，可露出一大片滩涂，船只容易搁浅而不宜登岸。在城的西南海面有一深水海澳，大小船舶可自由出入，守城士兵便在此处填以大石，筑"海底小长城"，以阻敌船登岸，摆在"小长城"近三分之二的地方留一口子，以便所城战船出入。

大鹏所城四门各有分工，东门、南门及东墙、南墙担负御敌功能，因东南濒海，海盗倭寇多由城东方向的岭澳登陆攻城，故城东海边部署了野牛角和大坑两个墩台以作瞭望，东门外东山是近所城外的一道屏障，所城在东山寺分兵驻防，遇小股敌人，伏击歼灭，如有大敌，先行放过，再与城内互为掎角，围攻敌人；西门是大鹏所城最主要的生活通道；北门不开，所城人从风水学上认为北门有煞气，对北门实施了封堵。完整的防卫体系，是大鹏抵御外侵的保障。

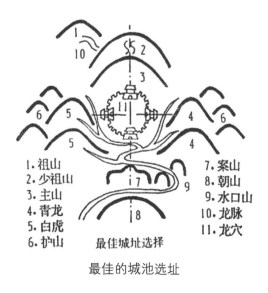

最佳的城池选址

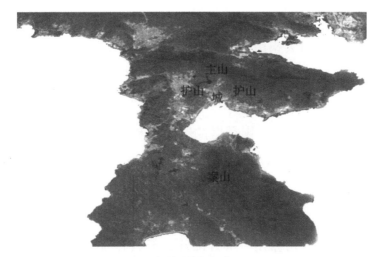

大鹏所城选址

第四节　社会价值

1. 大鹏所城是深港地区重要的历史标志，对提升深港文化品质具有较大的推动作用。

大鹏所城是深圳市面积最大、级别最高的文物保护单位，是深圳历史文化起源点，承载了深厚的历史文化底蕴，具有重要的史地和人文价值。对当今社会的发展、建筑学研究、传统文化知识普及方面具有较高的价值和意义。

大鹏所城作为全国重点文物保护单位，国家级历史文化名村，将对整个深圳的文物保护利用产生极大的示范作用，同时也必将影响和推进香港地区文化品质的提升。

2. 大鹏所城是深圳重要的爱国主义教育基地，对深圳精神文明建设具有积极影响。

大鹏所城始建至今的 600 年间经历了多次抵御和打击倭寇、殖民主义者的入侵，奏响了一曲曲抗击外来侵略的壮歌，记述着无数先烈们抵御外侮的历史和功绩，将爱国主义文化的精神代代传承，留下了一段段载入史册的动人故事。

1839 年，林则徐虎门销烟后，大鹏营管辖的香港地区成为清政府和英国殖民者武力抗争的战场，此后又爆发了穿鼻之战和官涌之战，大鹏营参将赖恩爵率水师屡战屡捷，威震闽粤，大张中华气概。百年后，赖氏后代依然保留着这种"爱国保疆"的情怀，参与革命。赖家后人赖仲元，跟随东江纵队司令员曾生参与革命，后任华东野战军司令部粟裕将军随从参谋等职，也是抗日英雄刘锦进（外号刘黑仔）的老师和入党介绍人。为了参加革命，赖仲元曾变卖家当为东江纵队筹集经费。新中国成立后，赖仲元先后任广东省委党校常务副校长、广东省农科院副院长、哲学社会科学研究所副所长、省农林水办公室副主任兼省科委副主任等职，为党的干部教育事业以及科学研究事业倾注了毕生的精力。

时光迁移，如今走进振威将军第，府第墙上依然清晰地印着赖家的家训："岗不离守，守不离纲"，"文官愿为清史瘦，武官敢当沙场卒"，"欲知官以尚，时怀读我书"，"人生学，学而生，先立品，学圣贤，耐勤学，礼施谦，要笃信，劳而奋，事有成"等。

作为坚守大鹏所城的后人之一的赖继良认为，赖家之所以有那么多爱国志士，与家族重教和家训传承分不开，与赖世超夫人赖太母长期教给子孙的"爱国"理念不可分割。"赖太母自编书本启蒙儿孙，家教严谨，常教导后辈勤奋上进，不可依赖祖荫。"赖继良坦言。赖太母及其教导影响着赖氏的代代后人，赖恩爵还在大鹏所城专门修建了书院"怡文楼"，成为赖氏后人以及当地人读书传习的场所，赖恩爵本人因善诗词，与南澳同僚庆元并称"南疆二儒将"。

大鹏所城在明清海防发展史及近代史上具有重要的地位，所城作为抵御倭寇及鸦片战争的肇始地，既是香港历史变迁的见证，也是中华民族兴衰的实物见证，可培植民族自信和增强国民认同感，且所城被授予"深圳爱国主义教育基地"，其良好的保护将产生巨大的社会教育意义。

3. 大鹏所城传承了明代所城制度下军民生活方式及技艺，对所城历史民俗文化的展示及延续具有重要的社会意义。

迄今为止，大鹏所城仍有原住民生活其中，其中部分原住民其先辈的居住历史可追溯至明代。部分建筑沿袭了其历史上的功能，是活化的大鹏所城历史民俗的展示，具有很高的社会价值。

4. 大鹏所城是深圳东进战略的文化新引擎，是粤港澳大湾区海洋经济产业合作的枢纽，对带动深圳东部经济发展起到重要引领作用。

粤港澳大湾区经济作为重要的滨海经济形态，是当今国际经济版图的突出亮点，大湾区的一个重要特点就是把港澳纳入进来，成为中国最开放的一个城市群。深圳作为我国最早的也是最成功的经济特区之一，是我国改革开放的前沿阵地，经过37年的发展，深圳已经深度融入世界经济，在全球产业分工体系具有一定的地位；深圳又是国家重要的外经贸大市，一大批企业已经"走出去"，在利用国际国内两种资源、两个市场方面取得了一定的成绩。因此，深圳在粤港澳大湾区的开放发展中可以更好地发挥好作用，通过与香港、澳门深度合作，与大湾区其他城市形成"我中有你，你中有我"的产业和城市功能分工，为国家构建开放型经济新体制提供支撑。

5. 大鹏所城是深圳重要的旅游资源，对深圳文化旅游具有积极促进作用。

大鹏所城位于深圳市东部黄金海岸，东临大亚湾，南接大鹏半岛，依山面海，是深圳市东部黄金岸线旅游系统的重要节点，有"深圳八景"之首的称号，是鹏城历史文化旅游景区的核心景区。

大鹏所城内不仅分布着众多府第，还有众多古井、特色树种。城外还分布着龙井、东山寺、古墓葬、咸头岭古文化遗址等历史景观要素和排牙山、龙旗湾等自然景观要素，这些资源对深圳来说具有特别重要的景观价值。

深圳东进战略提出以战略通道为突破，以高端产业为引领，以基础设施为支撑，以公共服务为保障，推动发展要素、城市服务功能、创新和人才资源东进，将东部地区打造成为创新能力卓越、产业层级高端、优质资源要素汇聚、产城深度融合、辐射带动能力强的深圳发展第三极，成为"3+2"都市圈的核心枢纽，以增强盐田、大鹏等中心城区综合服务功能，构建城市东进发展新构架。

大鹏所城在粤港澳大湾区建设和深圳"东进战略"的双重背景下，所城的科学保护利用，有利于促进地方人文环境改善，加强粤港澳大湾区经济、文化的协调可持续发展，对以大鹏所城为代表的东部地带的社会、经济、文化发展具有积极意义。

6. 大鹏所城对构建深港地区的先进文化有重要意义

大鹏所城反映了我国明清防卫城池的工艺成就与科技文明，其文化体系是来自不同地区、不同民族的官兵的生活方式、文化类型的交融，是该地区文化开放包容态度的充分验证。

大鹏所城提升了深圳地区的文化多样性和文化深度，成为该地区的向外宣传的一张文化"金名片"，并逐渐成为向香港地区宣传传统文化的阵地，对深港地区"文化沙漠"头衔的摘除具有重要的意义。

7. 大鹏所城是该地区独特文化体系的实物体现

所城官兵的来源，明初与明晚期各有不同，所有的军官是从外地调入。这样来自不同地区、不同民族的官兵带来了不同的生活方式、语言和民俗习惯，这些不同的元素经过一个连续的动态的发展过程后，再注入军营独特的生活方式，就形成了独特的所城文化体系。

（1）物质文化要素

主要包括所城的街巷、井台、山墙、雕塑、彩画、楹联等，它们是所城的主要构成要素，是古城文化的延续性的历史见证。

（2）非物质文化要素

主要包括大量的传统文化内容，即大鹏话、大鹏凉帽、大鹏婚俗、大鹏山歌、大鹏海节、大鹏崇拜等方面，它们和有形的文物古迹相互依存，共同反映出古城中的文化积淀，共同构成古城珍贵的历史文化遗产。

大鹏话：明朝初年，大鹏所城内居住的军士来自五湖四海，语系不一，方言更是形形色色，千差万别。再加上所城方圆数里内，人烟稀少，村落分散，这些来自天南地北的军士同在一城池堡垒中生活，自然需要进行日常的语言沟通，需要形成一种合适于城内所有人的方言，经过一段时间的磨合，这种营垒内的语言逐渐形成，即如今的大鹏话。大鹏话不同于广东的白话，也不同于客家话，而是这两种语系的混合体。目前所城地区约有一千四百多本地人说大鹏话，但这种独特的方言正在随着广东白话、客家话、潮汕话的普及慢慢消失，因而，大鹏话在语言学上的研究价值，实属珍贵。

大鹏凉帽：随着时代的发展，特别是深圳发生了翻天覆地的变化，大鹏所城内军士后裔陆续外迁，大鹏民俗文化的个性亦荡然无存，但大鹏凉帽作为民俗文化其中一个元素被遗存下来。大鹏妇女的凉帽，与南方妇女所戴的遮阳帽，有一个很大的区别，就是凉帽顶部的竹篾颜色和帽檐上的垂饰布料颜色。南方妇女的凉帽顶部的竹篾为本色，帽檐上垂下的遮阳布一般为黑色，但大鹏妇女的凉帽顶部为红色，红色用染料染成或用油漆漆成，垂下的遮阳布颜色为海蓝色。顶部做红色源于清朝军士的军帽帽顶颜色，这是一种展示军士身份的方式。帽饰做海蓝色，是因距海近，对大海的热爱。这两种情愫穿插其内，形成别具一格、独特的大鹏帽饰。

大鹏婚俗：大鹏婚俗与全国其他地区的婚俗，在本质上都是一样的，都是以父母之命、媒妁之言，很少有自由恋爱的。大鹏的青年男女在经过媒人撮合、双方父母同意后，继之择吉日良辰过礼，过礼相当于现在的下聘礼，聘礼中槟榔、苇叶、茶果等当地的土特产不可或缺。大鹏婚俗中的聘金与聘礼，必须突出"九"字，这寓意着吉祥如意、感情长久。接着男女双方开始置办婚礼事宜，办婚事之前，女方要唱哭嫁歌，少则七天，多则不限，哭嫁的内容多为报答父母的养育之恩以及对家中兄弟姐妹的留恋之情等。完婚之日，男方请来鼓手。轿夫，一路吹吹打打前去迎亲，女方则在家中哭着等待，迎亲队伍快到家门之前，新娘的母亲要在门外燃一堆火，迎亲者必须从堆火上跨过，才可进门迎亲，目的是为了辟邪，预示着婚后两人恩恩爱爱，人丁兴旺。而坐上花轿去婆家的路上，则要每隔一段距离抛一小段红绳子，以作为婚后回娘家的"路引"。进新郎家大门后，新郎则须"回避"然后就是进洞房、拜天地。入夜后，村中未婚的青年男女前来闹洞房，其中一个必不可少的就是男女对唱山歌，互相竞赛，这也是一种文化娱乐活动。

大鹏崇拜：大鹏人所崇拜的神灵，绝大多数与东南沿海地区的神灵相同，如观音娘娘、海神天后、关帝爷等，各司其职，但某些神灵的职能与其他地方又有所不同。

从大鹏所城本身来讲，经历沧桑的它已不再是一座建筑群，而是多种文化的聚合体。五六百年历史沉淀下来的文化底蕴，构筑了深圳历史文化保护体系的重要组成部分和古城历史文化保护规划的重要内容。

第二章　文物本体现状评估

目前大鹏所城整体格局保存一般。所城较好地保存了背山面水的格局，但城外护城河、瓮城现已不存，城墙大多被毁，仅东城墙和北城墙局部存在地上遗存，其余为房屋建筑占压；但构成大鹏所城格局重要的历史街巷、城门楼、将军第、庙宇等建筑大多保存了下来，且规模和方位从未发生改变，空间格局基本得到保存。

第一节　大鹏所城城内文物建筑现状评估

大鹏所城 21 处全国重点文物建筑整体保存状况一般，建筑部分建筑残损严重，导致其残损的人为因素主要包括利用不当、维修技术不规范、施工工艺粗糙、选材不当，导致屋面漏雨、墙体抹制水泥等；自然因素主要包括木构架风干裂缝、雨水渗漏，导致部分地基软化下沉或屋顶渗漏木构架洇湿沤朽等。建筑本体屋面修缮不当，导致屋顶瓦件局部松动、泥背脱落、脊饰整体倾闪倒塌，部分构件残缺等；部分建筑屋顶漏雨，部分建筑大木构架梁柱沤朽、风干裂缝，望板、椽飞糟朽；小木构件由于常年受雨水冲刷，风吹日晒，致使木构件糟朽开裂，油饰剥落；部分装修改造为现代门窗；部分酥碱墙体维修时抹制水泥层做假缝，墙体抹制的水泥层泛碱；部分建筑的基础软化局部沉陷；院内地面生长不同程度的青苔、杂草；局部院内地面条石板断裂，后期维修不当采用水泥抹面修补。另有 73 处未定级文物建筑总体保存状况较好，个别建筑在屋面、木构件、墙体、基础方面存在不同程度的残损。

以下为 21 处全国重点文物建筑现状评估。

一、天后宫

本体现状：建筑为 20 世纪 80 年代后重建，台基保存较好；地面采用瓷砖铺设；部墙体开裂，生长青苔，后期安装电表；局部屋面出现不均匀沉降；局部大木构件开裂糟朽；现为石质窗户与铁质大门；局部梁枋油饰褪色。

利用现状：供奉海上保护神——天后。

管理现状：村民管理。

考古现状：2011 年 11 月计划开展天后宫考古发掘工作，由于受到所城内房屋产权与经费核拨等因素的影响，无法开展工作。

研究现状：无相关研究资料，现查找到的资料是针对所城的整体研究。

现状评估：本体现状较差，利用较好，管理一般，考古工作一般，研究工作较差。

二、赖绍贤将军第

本体现状：台基保存较好；地面地砖开裂，生长青苔；墙体污垢，生长青苔；屋面保存较好；大木结构局部梁架开裂、糟朽；装修保存较好；油饰褪色，鼓胀；院落地面局部条石板开裂。

利用现状：现作为餐馆，对外营业。

管理现状：个人出租给他人管理。

研究现状：无相关研究资料，现查找到的资料是针对所城的整体研究。

现状评估：本体现状一般，利用较差，管理较差，研究工作较差。

三、赖恩爵振威将军第

本体现状：台基保存较好；地面地砖酥碱开裂，生长青苔；墙体后期维修不当，勾画出砖缝，后期在本体上安装电箱；屋面保存较好；大木结构保存较好；装修保存较好；油饰局部构件油饰褪色、脱落；院落地面局部条石板断裂。

利用现状：对外开放，局部房屋做展览展示（中国传统工具展）。

管理现状：大鹏古城博物馆管理。

研究现状：无相关研究资料，现查找到的资料是针对所城的整体研究。

现状评估：本体现状一般，利用一般，管理较好，研究工作较差。

四、赖恩锡将军第

本体现状：台基保存较好；地面保存较好；墙体后期维修不当，采用白灰抹面；屋面保存较好；大木结构局部梁架开裂；装修保存较好；油饰局部梁架油饰褪色；院落地面院内堆放售卖货物，条石板开裂。

利用现状：现为商铺。

管理现状：个人出租给他人管理。

研究现状：无相关研究资料，现查找到的资料是针对所城的整体研究。

现状评估：本体现状一般，利用较差，管理较差，研究工作较差。

五、赖府书房——怡文楼

本体现状：台基保存较好；地面地砖酥碱，二楼木地板开裂；墙体后期维修不当，内墙采用白灰抹面，后期安装展示牌；屋面保存较好；大木结构由于结构的不稳定性，后期安装钢柱支撑，局部棱木、梁、檩条开裂糟朽；装修大门门板开裂糟朽，局部门窗与原工艺不符，后期安装防盗窗；油饰整体油饰褪色，局部构件油饰鼓胀、脱落；院落地面局部条石板断裂。

利用评估：大鹏古城博物馆展厅。

管理评估：大鹏古城博物馆管理。

研究评估：无相关研究资料，现查找到的资料是针对所城的整体研究。

现状评估：本体现状较差，利用一般，管理一般，研究工作较差。

六、东门楼

本体现状：台基保存较好；城门入口地面条石板断裂，后期采用水泥修补；城门楼地面保存较好；城门墙体开裂，酥碱，后期采用水泥修补，生长大量杂草与青苔；城门楼保存较好；城门楼屋面保存较好；城门楼大木结构保存较好；城门楼装修保存较好；城门楼油饰保存较好。

利用现状：空置。

管理现状：由鹏城股份公司出租给他人管理。

研究现状：无相关研究资料，现查找到的资料是针对所城的整体研究。

现状评估：本体现状一般，利用一般，管理较差，研究工作较差。

七、赖英扬振威将军第

本体现状：台基保存较好；地面保存较好；墙体保存较好；局部屋面生长杂草；大木结构保存较好；装修保存较好；局部梁架油饰褪色；院落地面保存较好。

利用现状：现作为"玉品堂"商铺。

管理现状：个人出租给他人管理。

研究现状：无相关研究资料，现查找到的资料是针对所城的整体研究。

现状评估：本体现状较好，利用一般，管理较差，研究工作较差。

八、西门赖氏将军第

本体现状：台基保存较好；后期功能变为民俗展示，室内地面更改为木地板，与原风貌不符；外墙青砖酥碱，下碱生长青苔；内墙后期维修不当，采用白灰抹面；屋面保存较好；大木结构保存较好；装修保存较好；油饰保存加好；院落地面保存较好。

利用现状：现后期改造室内布局作为民宿酒店。

管理现状：个人出租给他人管理。

研究现状：无相关研究资料，现查找到的资料是针对所城的整体研究。

现状评估：本体现状一般，利用较差，管理较差，研究工作较差。

九、赵公祠

本体现状：台基保存较好；地面保存较好；墙体后期维修不当，院墙上身采用水泥抹面；屋面保存较好；大木结构保存较好；装修保存较好；梁架油饰褪色，开裂；院落局部地面后期维修不当，与原材料不符。

利用现状：现作为百家祠祠堂。

管理现状：由鹏城股份公司出租给海港旅游公司管理。

研究现状：无相关研究资料，现查找到的资料是针对所城的整体研究。

现状评估：本体现状较好，利用一般，管理较差，研究工作较差。

十、西门楼

本体现状：台基保存较好；城门入口地面后期采用水泥修补；城门楼地砖酥碱断裂；城门墙体开裂，酥碱，生长大量杂草与青苔；城门楼墙体青砖酥碱开裂严重；城门楼屋面板瓦断裂缺失，生长杂草；城门楼大木结构保存较好；城门楼门窗装修缺失；城门楼油饰褪色、脱落。

利用现状：房屋闲置。

管理现状：鹏城股份公司管理，出租给他人管理。

研究现状：无相关研究资料，现查找到的资料是针对所城的整体研究。

现状评估：本体现状较差，利用较差，管理较差，研究工作较差。

十一、郑氏司马第

本体现状：台基保存较好；地面地砖上生长大量青苔；墙体保存较好；局部屋面生长杂草；大木结构保存较好；装修保存较好；局部梁架油饰褪色；院落地面保存较好。

利用现状：现作为大鹏新区诗歌协会。

管理现状：个人出租给他人使用。

研究现状：无相关研究资料，现查找到的资料是针对所城的整体研究。

现状评估：本体现状较好，利用一般，管理较差，研究工作较差。

十二、南门楼

本体现状：台基保存较好；城门入口地面条石板断裂，后期采用水泥修补；城门楼地面保存较好；城门墙体开裂，酥碱，后期采用水泥修补，生长大量杂草与青苔；城门楼保存较好；城门楼屋面保存较好；城门楼大木结构保存较好；城门楼装修保存较好；城门楼油饰保存较好。

利用现状：现作为大鹏古城博物馆展厅。

管理现状：鹏城股份公司出租给他人管理。

研究现状：无相关研究资料，现查找到的资料是针对所城的整体研究。

现状评估：本体现状较差，利用较好，管理较好，研究工作较差。

十三、东北村戴氏大屋

本体现状：台基保存较好；地面地砖开裂严重，生长青苔；外墙抹灰鼓胀脱落，后期安装空调机箱破坏本体，内墙后期维修不当采用白灰抹面，内墙上随意安装电线存在安全隐患；屋面保存较好；大木结构保存较好；后期安装铁门与原形制不符；局部梁架油饰褪色；院落地面后期维修不当，采用水泥抹面，院内临时搭建棚屋。

利用现状：现为个人自住。

管理现状：个人使用。

研究现状：无相关研究资料，现查找到的资料是针对所城的整体研究。

现状评估：本体现状较差，利用较差，管理较差，研究工作较差。

十四、赖世超将军第

本体现状：台基保存较好；局部地面后期改为瓷砖铺设；外墙抹灰鼓胀脱落；屋面生长大量杂草；大木结构局部梁架开裂；装修保存较好；局部梁架油饰褪色；院内

堆放杂物。

利用现状：由大鹏古城博物馆使用，局部房屋为博物馆临时厨房。

管理现状：个人出租给他人管理。

研究现状：无相关研究资料，现查找到的资料是针对所城的整体研究。

现状评估：本体现状一般，利用较差，管理一般，研究工作较差。

十五、赖信扬将军第

本体现状：部分建筑与原形制不符，后期改为现代钢混结构建筑，现有台基保存较好；地面采用瓷砖铺设，现保存建筑室内地砖生长青苔；现保存建筑墙体抹灰脱落，生长青苔；局部房屋后期为钢混结构建筑，现保存建筑屋面生长杂草；现保存建筑局部梁架开裂；现保存建筑门窗保存较好；现保存建筑局部梁架油饰褪色；现保存建筑院内地面生长大量杂草，局部条石板断裂。

利用现状：房屋闲置。

管理现状：个人出租给他人管理。

研究现状：无相关研究资料，现查找到的资料是针对所城的整体研究。

现状评估：本体现状较差，利用较差，管理较差，研究工作较差。

十六、何文朴故居

本体现状：台基保存较好；地面保存较好；后期安装广告牌破坏墙体本体；局部屋面生长杂草；大木结构保存较好；装修保存较好；油饰保存较好；院落地面局部条石板断裂。

利用现状：现作为咖啡馆。

管理现状：个人使用。

研究现状：无相关研究资料，现查找到的资料是针对所城的整体研究。

现状评估：本体现状较好，利用较差，管理较差，研究工作较差。

十七、梁氏大屋

本体现状：台基保存较好；地面局部缺失地砖，后期采用瓷砖修补；墙体保存较好；局部屋面生长杂草；大木结构保存较好；装修保存较好；油饰保存较好；院落地面局部条石板断裂。

利用现状：房屋分别作为茶艺与书吧。

管理现状：个人出租给他人管理。

研究现状：无相关研究资料，现查找到的资料是针对所城的整体研究。

现状评估：本体现状较好，利用一般，管理较差，研究工作较差。

十八、侯王古庙

本体现状：台基出现不均匀沉降；地面地砖开裂严重，生长青苔；墙体抹灰鼓胀脱落，外墙上后期钻孔安装铁制构件；屋面缺失；主体建筑缺失大木结构；门窗装修糟朽严重，局部窗户缺失；局部构件油饰鼓胀、脱落、褪色。

利用现状：房屋闲置。

管理现状：出租给他人管理。

研究现状：无相关研究资料，现查找到的资料是针对所城的整体研究。

现状评估：本体现状较差，利用较差，管理较差，研究工作较差。

十九、林仕英"大夫第"

本体现状：台基保存较好；局部地面生长青苔；外墙抹灰鼓胀脱落，局部内墙后期维修不当，使用多种材料抹面；屋面生长大量杂草；大木结构保存较好；装修保存较好；局部梁架油饰褪色；院落地面保存较好。

利用现状：房屋闲置。

管理现状：个人出租给他人管理。

研究现状：无相关研究资料，现查找到的资料是针对所城的整体研究。

现状评估：本体现状一般，利用较差，管理较差，研究工作较差。

二十、刘起龙"将军第"

本体现状：台基保存较好；多个房屋室内地面生长大量青苔；外墙青砖酥碱开裂，局部外墙抹灰脱落；屋面生长大量杂草；大木结构局部梁架开裂、糟朽严重；装修保存较好；局部梁架油饰褪色；院内地面生长杂草，条石板断裂。

利用现状：房屋闲置。

管理现状：个人出租给他人管理。

研究现状：无相关研究资料，现查找到的资料是针对所城的整体研究。

现状评估：本体现状一般，利用较差，管理较差，研究工作较差。

二十一、东门李将军府

本体现状：台基保存较好；地面地砖局部生长青苔；墙体青砖酥碱，上身生长杂草、青苔；局部屋面板瓦酥碱，缺失滴水瓦；大木结构保存较好；局部房屋装修后改为铁门，室内房屋门洞后期封堵；局部梁架油饰褪色；院内地面生长杂草，堆放杂物，条石板断裂。

利用现状：房屋闲置。

管理现状：个人出租给他人管理。

研究现状：无相关研究资料，现查找到的资料是针对所城的整体研究。

现状评估：本体现状一般，利用较差，管理较差，研究工作较差。

第二节　大鹏所城内重点建筑遗址现状评估

大鹏所城城内重点建筑遗址，总体保存现状较差。仅城隍庙遗址及左堂署遗址进行遗址展示。北门遗址现已进行复原工程，其余全部为新建建筑占压。

一、城隍庙遗址

本体现状：局部建筑基址漏明展示，其他遗址上采用地砖铺设保护遗址，周边环境较好。

利用现状：遗址展示。

管理现状：大鹏古城博物馆管理。

考古现状：2011年11月对城隍庙开展考古发掘工作。

研究现状：无相关研究资料，现查找到的资料是针对所城的整体研究。

现状评估：较好。

二、守备署遗址

本体现状：建筑占压遗址，周边环境较好。

利用现状：无利用情况。

管理现状：大鹏古城博物馆管理。

考古现状：无考古情况。

研究现状：无相关研究资料，现查找到的资料是针对所城的整体研究。

现状评估：较差。

三、都府署遗址

本体现状：建筑占压遗址，周边环境较好。

利用现状：无利用情况。

管理现状：大鹏古城博物馆管理。

考古现状：无考古情况。

研究现状：无相关研究资料，现查找到的资料是针对所城的整体研究。

现状评估：较差。

四、左堂署遗址

本体现状：现状采用景观草皮铺设保护遗址，周边环境较好。

利用现状：古城广场遗址展示。

管理现状：大鹏古城博物馆管理。

考古现状：2011 年 11 月计划开展左堂署考古发掘工作，由于受到所城内房屋产权与经费核拨等因素的影响，无法开展工作。

研究现状：无相关研究资料，现查找到的资料是针对所城的整体研究。

现状评估：较好。

五、协台衙门遗址

本体现状：由于时代变迁现为粮仓，粮仓内作为博物馆展示，周边环境较好。

利用现状：现作为独木舟博物馆展示。

管理现状：大鹏古城博物馆管理。

考古现状：无考古情况。

研究现状：无相关研究资料，现查找到的资料是针对所城的整体研究。

现状评估：一般。

六、参将府遗址

本体现状：建筑占压遗址，周边环境较好。

利用现状：无利用情况。

管理现状：大鹏古城博物馆管理。

考古现状：无考古情况。

研究现状：无相关研究资料，现查找到的资料是针对所城的整体研究。

现状评估：较差。

七、华光庙遗址

本体现状：原建筑已不复存在，后期重建已无历史风貌，周边环境较好。

利用现状：寺庙及居住。

管理现状：管理情况杂乱，不统一。

考古现状：2011年11月计划开展华光庙考古发掘工作，由于受到所城内房屋产权与经费核拨等因素的影响，无法开展考古工作。

研究现状：无相关研究资料，现查找到的资料是针对所城的整体研究。

现状评估：较差。

八、文庙遗址

本体现状：现为广场铺装，周边环境较好。

利用现状：无利用情况。

管理现状：大鹏古城博物馆管理。

考古现状：无考古情况。

研究现状：无相关研究资料，现查找到的资料是针对所城的整体研究。

现状评估：较差。

九、北门遗址

本体现状：后期原址上复原重建北门及北城门楼，周边环境较好。

利用现状：原址上复原北门，开展北门与城门楼展示。

管理现状：大鹏古城博物馆管理。

考古现状：2008年7月对北门开展考古发掘工作。

研究现状：无相关研究资料，现查找到的资料是针对所城的整体研究。

现状评估：较好。

十、关帝庙遗址

本体现状：现为广场铺装，周边环境较好。

利用现状：大鹏古城博物馆管理。

管理现状：村民集体管理。

考古现状：无考古情况。

研究现状：无相关研究资料，现查找到的资料是针对所城的整体研究。

现状评估：较差。

十一、火药局遗址

本体现状：局部被房屋占压，另一部分为广场铺装，周边环境较好。

利用现状：无利用情况。

管理现状：大鹏古城博物馆管理。

考古现状：无考古情况。

研究现状：无相关研究资料，现查找到的资料是针对所城的整体研究。

现状评估：较差。

十二、城墙遗址

本体现状：南门、西门城墙及东门南段城墙已毁，并于基础上建民居，北门城墙虽毁，部分土垣尚存，草木丛中依稀可辨。城墙北段有城墙夯土墙，周边后期搭建房屋。

利用现状：大鹏古城博物馆管理。

管理现状：村民集体管理。

考古现状：2008 年 11 月对东城墙与北城墙做地面踏查。

研究现状：无相关研究资料，现查找到的资料是针对所城的整体研究。

现状评估：较差。

第三节 大鹏所城城外相关遗存现状评估

城外相关遗存共计 13 处，分别为：刘起龙夫人林氏墓、清振威将军刘起龙墓、明武略将军徐世勋墓、赖太母陈夫人墓、赖绍贤夫妇墓、荣荫桥、登云桥、东山寺石牌坊、东山寺墓塔、东山寺住持墓、龙井、东北校场、西南校场。总体可分为古墓葬、古建筑、古遗址三类。

城外相关遗存保存现状总体尚可，但由于城外遗存多处于山林地、农田等偏僻区域，缺少相应管理、保护，致使相关遗存草木覆盖，且常年受风雨侵蚀导致石材构件风化严重。

一、古墓葬类

墓地共计 6 处，其所处位置多在山林、农田等偏僻区域，导致通往墓地的山林道路被草木覆盖，同时常年受风雨侵蚀导致墓碑、牌楼、坟圈等石材及水泥构件破损、风化较重。

（一）刘起龙夫人林氏墓

本体现状：坟墓周边环境脏乱，坟包上长满杂草。

利用现状：无利用情况。

管理现状：大鹏办事处管理。

考古现状：无考古资料。

研究现状：无研究资料。

现状评估：较差，无展示利用价值。

（二）清振威将军刘起龙墓

本体现状：坟墓周边环境脏乱，坟包上长满杂草。

利用现状：无利用情况。

管理现状：大鹏办事处管理。

考古现状：无考古资料。

研究现状：无研究资料。

现状评估：较差，无展示利用价值。

（三）明武略将军徐世勋墓

本体现状：坟墓周边环境脏乱，坟包上长满杂草。

利用现状：无利用情况。

管理现状：大鹏办事处管理。

考古现状：无考古资料。

研究现状：无研究资料。

现状评估：较差，无展示利用价值。

（四）赖太母陈夫人墓

本体现状：坟墓周边环境为耕地，坟墓周边长满杂草，墓碑风化剥蚀。

利用现状：无利用情况。

管理现状：大鹏办事处管理。

考古现状：无考古资料。

研究现状：无研究资料。

现状评估：一般。

（五）东山寺住持墓

本体现状：墓碑、坟圈等石材破损、风化严重。

利用现状：无利用情况。

管理现状：由寺庙僧人自行管理。

考古现状：无考古资料。

研究现状：无研究资料。

现状评估：较差。

（六）赖绍贤夫妇墓

本体现状：现场只找到墓碑，墓碑风化剥蚀；周边环境一般，周边随意堆放石质构件。

利用现状：现为展示陵园。

管理现状：大鹏办事处管理。

考古现状：无考古资料。

研究现状：无研究资料。

现状评估：一般。

二、古建筑类

（一）荣荫桥

本体现状：板桥地面条石磨损开裂，原维护栏杆缺失，后期采用钢混结构复原，与原材料不符；周边后期开发建设。

利用现状：现为人行道路。

管理现状：鹏城社区管理。

考古现状：无考古资料。

研究现状：无研究资料。

现状评估：一般。

（二）登云桥

本体现状：现状桥体只剩桥墩，地面后期采用水泥抹面，后期安装维护栏杆，与原貌不符；周边后期开发建设。

利用现状：现为车行道路。

管理现状：鹏城社区管理。

考古现状：无考古资料。

研究现状：无研究资料。

现状评估：较差。

（三）东山寺石牌坊

本体现状：目前石牌坊周边围以栏杆，石构建表面开裂，风化。

利用现状：无利用情况。

管理现状：由寺庙僧人自行管理。

考古现状：无考古资料。

研究现状：无研究资料。

现状评估：现状总体较好。

（四）东山寺墓塔

本体现状：墓塔局部破损、开裂、风化。

利用现状：无利用情况。

管理现状：由寺庙僧人自行管理。

考古现状：无考古资料。

研究现状：无研究资料。

现状评估：较差。

（五）龙井

本体现状：古井一处名为"龙井"，"龙井"保存较好且尚未枯竭，仍为周边村民提供水源，多用来灌溉和洗衣，但周边环境较差。龙井所在加建的井房不符合传统古井风貌，井前加建洗衣台，开凿水渠，垃圾堆积，缺乏适当管理。

利用现状：无利用情况。

管理现状：村民集体管理。

考古现状：无考古资料。

研究现状：无研究资料。

现状评估：较差。

三、古遗址类

校场两处，分别为东北校场和西南校场，东北校场区域为山林地，与清振威将军

刘起龙墓等墓地相邻，场地荒草丛生但尚未被建筑、农田等侵占，相对来说场地保存较好；西南校场现状已经建设为餐饮住宿场所及停车场等设施。

（一）东北校场遗址

本体现状：现场为沙土平地；周边环境较好，无开发建设。

现状评估：一般。

利用现状：无利用情况。

管理现状：村民集体管理。

考古现状：无考古资料。

研究现状：无研究资料。

（二）西南校场遗址

本体现状：现已被建成度假村，周边后期作为停车场与社区服务设施。

利用现状：无利用情况。

管理现状：村民集体管理。

考古现状：无考古资料。

研究现状：无研究资料。

现状评估：较差。

第四节　其他相关保护要素现状评估

一、高井

本体现状：采用维护栏杆保护古井，但维护栏杆安装在井栏上，对井栏的本体造成破坏，井壁生长杂草。

利用现状：无利用情况。

管理现状：大鹏古城博物馆。

考古现状：无考古情况。

研究现状：无相关研究资料，现查找到的资料是针对所城的整体研究。

现状评估：一般。

二、大井

本体现状：采用维护栏杆保护古井，但维护栏杆安装在井栏上，对井栏的本体造成破坏。

利用现状：为城内居民生活用水。

管理现状：大鹏古城博物馆。

考古现状：无考古情况。

研究现状：无相关研究资料，现查找到的资料是针对所城的整体研究。

现状评估：较好。

三、红花井

本体现状：采用维护栏杆保护古井，但维护栏杆安装在井栏上，对井栏的本体造成破坏。

利用现状：无利用情况。

管理现状：大鹏古城博物馆。

考古现状：无考古情况。

研究现状：无相关研究资料，现查找到的资料是针对所城的整体研究。

现状评估：一般。

四、窄井

本体现状：采用维护栏杆保护古井，栏杆上采用麻绳封口，但维护栏杆安装在井栏上，对井栏的本体造成破坏，井壁生长杂草。

利用现状：无利用情况。

管理现状：大鹏古城博物馆。

考古现状：无考古情况。

研究现状：无相关研究资料，现查找到的资料是针对所城的整体研究。

现状评估：一般。

五、石井

本体现状：采用维护栏杆保护古井，但维护栏杆安装在井栏上，对井栏的本体造成破坏。

利用现状：为城内居民生活用水。

管理现状：大鹏古城博物馆。

考古现状：无考古情况。

研究现状：无相关研究资料，现查找到的资料是针对所城的整体研究。

现状评估：较好。

六、西城巷井

本体现状：采用维护栏杆保护古井，井栏表面风化。

利用现状：无利用情况。

管理现状：大鹏古城博物馆。

考古现状：无考古情况。

研究现状：无相关研究资料，现查找到的资料是针对所城的整体研究。

现状评估：一般。

七、左堂署古井

本体现状：采用维护栏杆保护古井，但维护栏杆安装在井栏上，对井栏的本体造成破坏，井口杂草生长。

利用现状：为城内居民生活用水。

管理现状：大鹏古城博物馆。

考古现状：无考古情况。

研究现状：无相关研究资料，现查找到的资料是针对所城的整体研究。

现状评估：一般。

八、城隍庙古井

本体现状：采用花岗石重新砌筑。

利用现状：无利用情况。

管理现状：大鹏古城博物馆。

考古现状：无考古情况。

研究现状：无相关研究资料，现查找到的资料是针对所城的整体研究。

现状评估：一般。

九、古树

本体现状：古树已采取防护栏杆进行保护。

利用现状：古树作为城内重要景观。

管理现状：大鹏古城博物馆。

研究现状：无相关研究资料。

现状评估：一般。

第三章 综合评估

第一节 环境现状评估

一、城内环境现状评估

（一）城内建筑现状评估

1. 城内建筑现状

城内建筑现状评估不包含21处全国重点文物建筑和73处未定级不可移动文物建筑。

（1）建筑质量

根据大鹏所城建筑的保存现状情况将城内建筑按照建筑质量分为四类，分别为：质量较好的建筑、质量一般的建筑、质量较差的建筑、质量很差的建筑。城内建筑质量整体较好，保存较好的建筑面积占总建筑面积的43.37%，保存一般的建筑面积占总建筑面积的48.93%。

（2）建筑风貌

根据大鹏所城建筑的保存现状情况以及建造工艺材质将城内建筑按照风貌分为4类，分别为：风貌协调的建筑、风貌一般的建筑、风貌较差的建筑、其他破坏性建筑。

建筑风貌整体较协调，其中风貌协调的建筑面积、风貌较协调的建筑面积分别占总建筑面积的17%、46.49%。

（3）建筑层数

通过对大鹏所城建筑的现状勘察数据显示，所城内建筑基本为一到两层，三层建筑较少，个别建筑为四层建筑。

建筑层数多为一至两层，局部有三层和四层建筑。其中一层建筑面积占总建筑面积的 41.02%，两层建筑面积占总建筑面积的 46.32%。

（4）建筑年代

通过对大鹏所城建筑的现状勘察，结合建筑工艺、材质、结构形式以及历次修缮记录和其他相关档案资料，所城内建筑年代跨度较长，建筑的建造时间大概分为晚清、民国、20 世纪 50—80 年代以及 20 世纪 80 年代至今。

所城内建筑年代多为晚清、民国和 20 世纪 80 年代至今的建筑。

（5）建筑功能

根据对大鹏所城内建筑利用形式的调研结果，城内建筑功能分为七类，即公共建筑、宗教、祭祀建筑、居住建筑、商铺建筑、餐饮建筑以及闲置建筑。

所城内公共建筑及宗教建筑多为博物馆或集体组织管理，建筑形制与所城风貌较为协调，使用过程未对文物建筑进行较大改造。

祭祀建筑多为祠堂，属个人产权，建筑在使用过程中进行较大改造，通常表现在屋顶琉璃瓦、红色饰面墙砖等部分，与所城内其他建筑青砖墙体、灰色合瓦屋顶的古朴风貌存在较大冲突。

居住建筑绝大多数作为出租房使用，各项居住指标如采光、通风、上下水、卫生条件均较差，不能满足现代人生活的基本需要，且火灾隐患较大。

商铺和餐饮建筑在经营使用过程中经过较大的内部改造，多表现为室内地面改为瓷砖、木地板等形制，建筑外的店招、遮阳伞等设施风格各异、排布杂乱，对所城整体风貌造成一定影响。

闲置建筑因无人管理和使用、年久失修，导致墙体破损、屋面瓦件疏松残损，屋面漏雨病害逐渐加重，建筑存在一定的安全隐患。

（6）建筑价值

综合以上建筑质量、建筑风貌、建筑层数、建筑年代及建筑功能分类情况，将城内建筑价值分为三类，分别为价值一般的建筑、不具备价值的建筑及破坏性建筑。

价值一般的建筑：此类建筑具备一定的历史、科学、艺术价值，并能反映所城一定时期的历史特色，与古城风貌协调性较好。

不具备价值的建筑：此类建筑无区域建筑特色，仅在体量、形式、建筑外立面色彩上与所城传统风貌基本一致。

破坏性建筑：此类建筑为破坏古城格局的建筑，大多是20世纪80年代后建设。

2. 城内建筑现状评估结论

城内建筑质量整体较好，保存较好的建筑面积占总建筑面积的43.37%，保存一般的建筑面积占总建筑面积的48.93%。建筑风貌整体较协调，其中风貌协调的建筑面积、风貌较协调的建筑面积分别占总建筑面积的17%、46.49%。建筑层数多为一至两层，局部有三层和四层建筑。其中一层的建筑面积占总建筑面积的41.02%，两层的建筑面积占总建筑面积的46.32%。建筑年代多为晚清、民国和20世纪80年代至今的建筑。

建筑功能方面多为居住建筑，闲置建筑中原有功能多为居住建筑。

（二）城内道路现状评估

大鹏所城整体保护项目一、二期工程已经对所城内大部分街巷进行了修缮工程，修缮后的街巷道路基本保持了原有的铺装形式，以青石板路面为主，适当搭配青砖和鹅卵石，整体效果较好。部分未进行整治的街巷存在破损，亟须整修。

（三）商业业态评估

大鹏所城内业态分布主要集中在南门街两侧，以小商品零售为主，但大部分店家所出售商品无法与所城历史文化底蕴关联。

（四）城内基础设施现状评估

目前大鹏所城已完成的《深圳大鹏所城整体保护项目二期工程》中包含给排水工程、电气工程、有线电视工程等市政设施建设，形成了基本完备的市政设施系统，但所城内东南区域市政工程管网尚未覆盖全面，仍存在用电不足等现状问题。

1. 给排水工程

（1）给水工程

目前所城实现了城市集中供水，给水管网覆盖了所城内除东南区域以外的范围，基本满足城内生产、生活用水。

（2）排水工程

目前所城内排水系统采用雨污分流制，除所城内东南区域外已全部覆盖，采用地面明沟排雨水，排污暗管排污水，污水汇集后最终与城市污水管网相连，无内涝现象发生，基本能满足需求。

2. 电气工程

（1）电力工程

目前所城内有变电房两座，其中2*630KVA变电房位于所城南部，南门楼附近；2*800KVA变电房位于北门楼附近。

电力管网基本覆盖了除所城内东南区以外的范围，但目前所城内电力仍然不能满足用户的需要，时有停电现象发生。

（2）通信工程

所城内的通信线路分别从西、南两个方向与市政机箱连接，现状统摄设施所城东南区域尚未覆盖全面。

3. 有线电视工程

所城内有线管网采用枝状布局方式，按照每隔光节点200户终端的原则对有线电视网络进行布置，但所城内东南区尚未覆盖。

（五）卫生环境现状评估

城内环卫设施不足，缺少垃圾箱及公共厕所等环卫设施，未建立统一垃圾分类收集处理系统。

二、城外环境现状评估

（一）建筑风貌

大鹏所城因缺少有效的管理和引导措施，周边的住宅、商铺、餐饮店、手工业作坊等均为现代建筑，建筑的高度、体量、形式及色彩等方面，缺少与大鹏所城历史环境的协调。

（二）村镇建设

随着城镇建设及旅游业的发展，大鹏所城周边的建设量不断增加。房屋的建设，已经侵占到西北、西南及东南区域的城墙遗址位置，对周边环境产生了一定程度的影响和破坏。

（三）商业业态

大鹏所城城外商业主要集中在南门楼南侧和东门楼东侧，以餐饮和民宿为主，但定位较为低端。

（四）基础设施

大鹏所城周边的架空电线及裸露的市政管线，影响周边环境的协调性，不利于历史风貌的展示。电线线路之间的摩擦，易出现线路短路、绝缘层烧毁等现象，从而引发火灾。特别是经日光暴晒、雨淋，极易老化。在用电高峰的夏季，冰箱、电风扇、空调等大功率电器使用频繁，更加大危险的发生率。

（五）道路交通

大鹏所城周边的主要道路为鹏飞路、鹏城路、西坑路、东山路及南门东路。基本已做硬化，道路两侧绿化有待加强。大鹏所城周边未建有专用停车场，前来参观的游客现将车停在南门外的临时停车场及道路两侧，对风貌造成一定的影响，也不利于大鹏所城的发展。

（六）环境卫生

大鹏所城现游客较多，周边垃圾收集点较少，且使用率不高，垃圾收集设施随意摆放，存在有较多杂物堆积现象，对环境造成较大影响。

第二节 管理评估

一、保护级别公布

2001 年 6 月被国务院公布为全国重点文物保护单位。

保护范围：根据广东省人民政府粤府〔1994〕42 号文件《关于公布我省国家级、省级文物保护单位保护范围和建设控制地带的通知》规定，于 1994 年划定大鹏所城保护范围和建设控制地带如下：大鹏所城保护范围：东面东门地段以东墙外侧起向外延伸 30 米，东北面有城墙或城墙残基的，以墙基外侧为准，向外延伸 10 米，没有墙基的地方，以现场所立界桩为准，西南面以现有道路（包括鱼街）外侧路基为界，（上述各线均以现场所立界桩为准，无图纸）。大鹏所城建设控制地带：从保护范围外沿起向外延伸 60 米（各以现场所立界桩为准，无图纸）。

2001 年大鹏所城被公布为全国重点文物保护单位后沿用了原省级文物保护单位保护范围和建设控制地带，其中保护范围内包含了大量 20 世纪 50—80 年代新建的各类民居，这些民居由于标准与质量较低，居民出于生活需要无法避免地要在原基址上进行大量的修缮与改建活动。这是无法按照原保护范围内正常管理程序处置的，它们削弱了执法的严肃性以及对文物保护单位本体的保护力度。另外，由于早期历史研究的不足，部分重要的历史环境未被列入建设控制地带，这直接导致如原所城西南校场这样的历史遗址被居住建设用地侵占。

综上所述，原有保护区规划缺乏可操作性和控制力，已不能满足文物保护及管理的需求。

二、保护标志

在大鹏所城南门外，黑色花岗岩碑身，灰色花岗岩碑基，通高 1520 毫米，碑身高 800 毫米，宽 1360 毫米，厚 120 毫米。

三、文物档案

大鹏所城的档案建设已经取得了一定成效，"四有"档案建设初具规模，体例较为规范。

从历史文献汇集上看：主卷中记录了有关大鹏所城研究的论著、论述。博物馆工作人员对大鹏所城的历史文献进行了搜集工作，对当地老人进行过采访录音，以对古城历史进行调查。

从现状勘测报告看：已经进行现状勘测的历次图纸等资料保存较好。附属文物登记混乱，还应该进一步完善。

从保护工程档案看：东门楼、南门楼复原设计的资料保存有施工图，但未见现状测绘图和施工记录。

四、保护机构

深圳市大鹏新区大鹏古城博物馆成立于1996年，是全国重点文物保护单位——大鹏所城文物保护专门管理机构，主要负责大鹏所城的文物保护、文物征集、历史研究、陈列展览等工作。2016年10月，划为深圳市大鹏新区文体旅游局直属事业单位，定编5名，并加挂"大鹏新区文物管理办公室"牌子，三定方案职责为：宣传和贯彻执行国家、省、市有关文物保护的法律、法规和条例；负责大鹏所城的文物修缮、历史研究、文物征集等文物保护工作；指导、协调和监督大鹏所城保护范围及建设控制地带内的合理利用工作；负责组织、指导、协调新区文物的调查、发掘、鉴定、保护、抢救等文物保护与管理工作；对新区各类博物馆、纪念馆进行业务指导；协助做好新区文物市场、文物收藏团体及活动的监督和管理；对新区文博系统文物安全保卫工作进行督促检查和业务指导；通过举办多种形式的陈列与展览，做好宣传教育和公共文化服务工作；促进爱国主义教育基地的建设；负责新区非物质文化遗产的保护和传承工作。现有在编人员3人，合同制聘用编外人员9人。其中本科学历已7人、大专3人，正高级职称1人、中级职称3人。

所城的实际管理方有大鹏古城博物馆、鹏城社区及其股份公司、深圳华侨城鹏城发展有限公司、私人等。

五、管理规章

1997年已制定并下发《关于禁止在古城内乱拆乱建的通知》，通过博物馆工作人员对城内建筑进行监控，对控制古城内的建筑起到了一定的积极作用，大鹏所城缺少专门的保护与管理制度。

六、管理用房

大鹏所城现有管理用房主要集中在大鹏粮仓南部，包括办公、安保用房等。

七、产权情况

所城内房产产权方及第三方托管机构

1.现状：据初步了解，所城内约有60%的房屋出租给第三方机构，由第三方机构代为管理；大部分委托第三方公司管理的产权所有人不在本地。另有一部分房屋由房东直租，但产权所有人一般也不在所城内或周边区域居住。

2.问题：根据调研情况及过往的有关信息及报道分析，所城内的房屋产权较为复杂、混乱，不利于梳理整顿、开展后续工作；所城内多头管理的现状导致产权清单获取困难，仅从博物馆处获取保护建筑的产权现状表格，无法摸清其他房屋产权情况；因大部分产权所有人不在本地，无法与其直接沟通，了解诉求。

八、管理现状评估结论

大鹏所城现状保护工作取得了良好的效果，但"四有"档案工作滞后，没有及时更新，近年来的保护工作情况，没有纳入档案中。多头管理导致各类条线问题交叉，所城内的问题出现到解决的周期冗长、程序复杂、效率低下，形成"有管理、管不好"的局面；管理机构内部架构、运行方式等均不相同，无法摸清话语权所有者，了解管理方诉求。

第三节　利用评估

一、展示现状评估

（一）城内展示现状

大鹏所城内集中了主要的游人参观项目，但游人稀少，且缺少配套服务设施。大鹏所城展示利用集中在博物馆、将军府第、城隍庙遗址及协台衙门遗址展示区，展示条件相对落后，对文物建筑及建筑遗址的展示不够充分，展示、旅游的配套服务设施缺乏。

1. 21处全国重点文物建筑展示利用现状

21处全国重点文物建筑展示利用情况

编号	名称	展示利用情况
01	天后宫	否
02	赖绍贤将军第	否
03	赖恩爵振威将军第	大鹏古城博物馆
04	赖恩锡将军第	否
05	赖府书房——怡文楼	大鹏古城博物馆展厅，暂未开放
06	东门楼	否
07	赖英扬振威将军第	否
08	西门赖氏将军第	否
09	赵公祠	否
10	西门楼	否
11	郑氏司马第	否
12	南门楼	大鹏古城博物馆展厅
13	东北村戴氏大屋	否

编号	名称	展示利用情况
14	赖世超将军第	大鹏古城博物馆
15	赖信扬将军第	否
16	何文朴故居	咖啡馆
17	梁氏大屋	否
18	侯王古庙	否
19	林仕英"大夫第"	否
20	刘起龙将军第	否
21	东门李将军府	否

2. 12处重点建筑遗址展示利用现状

重点建筑遗址展示利用情况

编号	名称	是否展示利用
01	城隍庙遗址	大鹏新区非物质文化遗产传承基地
02	守备署遗址	否
03	都府署遗址	否
04	左堂署遗址	公园
05	协台衙门遗址	协台衙门历史展览
06	参将署遗址	否
07	华光庙遗址	否
08	文庙遗址	否
09	北门遗址	复原
10	关帝庙遗址	否
11	火药局遗址	否
12	城墙遗址	否

（二）城外展示现状

大鹏所城外基本无游人参观景点，商业、餐饮等设施缺乏，旅游开发处于初级阶段。

二、游客现状评估

（一）游客现状

据观察，游客到访的高峰时间段集中在上午 9 点至下午 5 点，下午 5 点或 6 点之后所城内除了少部分选择在此吃晚餐的游客外，少有游客在所城其他区域逗留；旅行团的逗留时间较短，倾向从南门沿商业街北上，再将开放的主要府第参观完即离开。

多人出行的年龄层较低的散客逗留时间较长。

家庭出行的散客一般选择快速游览拍照后离开。

少部分年轻散客会偏离商业主街、前往所城其他区域浏览，大部分游客会选择在主街和粮仓周边区域逗留。

极少部分游客选择在所城内或所城周边的客栈过夜，大部分会直接返程或前往邻近的景区。

（二）问题

游客量少且来源较为单一，逗留时间及在所城内游览路线偏短，无法带动更多的附加消费；付出的交通时间成本与收获的游览体验不成正比，再次游览意向偏低。

（三）诉求

所城内风貌需整治提升；加强精品项目开发；改善交通线路，提升到访所城的便捷程度；改善夜间非主商业街区域的照明；改善清洁卫生状况；优化自主游览所城的导览方式。

三、品牌现状评估

（一）受众黏度及品牌认同感

深圳移民城市特性、所城偏远的地理区位、渠道推广乏力等因素导致深圳市内居民对所城的了解程度极低；对于最合适文化认同感强化和切入的小学生群体，除非组织团体活动（如学校春游、秋游），否则极难有机会随家人到访；所城内租户及周边区域居民对所城历史了解程度偏低，造成所城虽然是"鹏城"的起源地，却与本地居民情感、文化联系薄弱，受众黏度及文化认同感偏低。

（二）导视系统

1. 现状

所城内视觉标识系统可分为五类：

所城已设计有专属 Logo，仅在地下水道井盖、仿古设计路标和极少的宣传展板上出现。

路标、消防栓指示牌、消防栓、洗手间标识、宣传板均有统一的仿古设计。

城内清洁卫生宣传板、垃圾桶等环卫标识设计。

遗址展示简介标识设计。

各类商店、民宿的店名牌、路标设计。

2. 问题

五套视觉系统彼此冲突，无法对受众进行一致的视觉信号刺激，弱化了所城视觉形象，降低品牌回想效果。

（三）推广渠道及关注度

1. 现状

所城博物馆有微信公众号，但未发布任何内容；大鹏所城有注册域名 www.szdpsc.com，但无网站内容建设；关键词"大鹏所城"百度搜索结果 1.45 万个，Google 搜索结果约 100 万个，英文关键词"Dapeng Ancient City"Google 搜索结果为 2.8 万个；携程网目的地相关评论 192 条，穷游网相关内容 125 条，Tripadvisor 相关评论 8 条，列486 处推荐访问地点的第 106 位，深圳本地宝相关结果约 350 条（热点目的地如"东部华侨城"在携程网有 1.2 万条评论，深圳本地宝搜索结果约 3500 条）。

2. 问题

所城在传统平面媒体渠道推广乏力；在主流搜索引擎、旅游网站、本地网站搜索结果不尽如人意；在自媒体平台处于空白状态；对正、负面评论均没有反馈沟通渠道，急需制定较完整的推广策略和措施，打通双向沟通渠道，提升关注度。

（四）展示利用评估结论

大鹏所城展示内容缺乏对大鹏所城历史格局整体风貌的展示，仅部分文物保护单位的建筑群为主，文物建筑尚未全部开放展示，不足以全面体现大鹏所城的文物价值，不能让人们充分了解大鹏所城的历史文化。

现状大鹏所城展示方式单一，以实物陈列展示为主，缺乏体验与互动的展示方式。旅游产品不能体现大鹏所城的文化内涵，且商品品质低端，不足以满足游客文化消费的需求，展示利用的可持续性较低。

所城内集中了主要的游人参观，但游人稀少，外围景点基本没有游人参观，旅游开发处于初级阶段。

所城位于深圳市东端，道路设施完善，可达性较好，但缺少专门的游线组织。

展示集中在博物馆和几个大的将军府第，展示条件落后，对文物建筑本体的展示不够。

现阶段展示、旅游的配套服务设施较为缺乏。

第四节　考古与研究工作现状

一、考古历程及成果

1. 2006—2011 年，大鹏所城考古工作历经 6 年时间，初步取得较丰硕的成果。

2. 2006 年，在东、南、西城门通道处进行考古发掘。

3. 2008—2009 年，为适应大鹏所城保护与修缮项目工作的需要，应大鹏古城博物馆的要求，深圳市文物考古鉴定所大鹏所城考古队自 2008 年 7 月 18 日正式进驻大鹏所城考古工地，在大鹏所城护城壕沟、城墙、北门以及西南城区水系区域全面开展考古调查、钻探与发掘等各项工作。

（1）考古调查

①西南城区的水系调查与测绘

大鹏所城西南城区水系调查北至正街、东到南门街、西抵西门老街、南及食烟巷，

大鹏所城发掘区位置及探方分布图

总面积约 24140 平方米。

②城墙建筑层次调查

调查主要集中于北城墙和东城墙地区。

（2）考古钻探

钻探主要在两个区域展开，一是四面城墙墙体及两侧；二是全城中轴线所在的刘屋巷。两地实际总钻探面积 17184.8 平方米。

①城墙墙体及两侧钻探工作

完成了南城墙、东城墙及东门外以及北城墙中东部等地区的城墙钻探工作，总钻探面积为17120平方米。东城墙现共布孔22排（E1–E22），钻探面积5000平方米；南城墙共布孔32排（S1–S32），钻探面积7080平方米；北城墙中东部共布孔37排（N1–N37），勘探面积已达5040平方米。

②刘屋巷钻探工作

刘屋巷地点西至刘屋巷6#，东至南街7#，北至刘屋巷5#，南至食烟巷北侧。总勘探面积64.8平方米。

（3）考古发掘

城隍庙、西城墙外博物馆宿舍至纸箱厂之间的巷道以及原鹏城学校外平台三个区域总发掘面积556平方米。

发掘中共发现遗迹27处，包括灰坑16座，灰沟5条，驳岸遗迹4处，房址1处，瓮棺1座，城墙外平台遗址1处以及现代管沟9条、台阶1处，城墙外壕沟1条，房基1处，以及鹅卵石路面1处。

（4）初步成果

①大鹏所城唯一保存下来的拐角为直角；证明北门城楼确实存在；排除在南侧城墙边侧存有马面之类的军事设施。东门外面当时可能属于一片滩涂地，为东门可能不是瓮城结构提供了依据。

②驳岸的南侧发现有护城壕沟，其北侧有砖砌的"驳岸"，南侧有一生土形成的外缘。已发掘出来的几条壕沟均与文献记载的城外壕沟宽一丈五尺（约5米）相差甚远，大鹏所城护壕的外界依然不清楚。

③大鹏所城遗址的堆积内容比较丰富，包括晚清民国时期、清代中期、清代早期、明代中晚期、明代早期以及北宋几个时期。首次在大鹏所城确认了明代堆积层的存在，证明史料记载大鹏所城始建于明初的可靠性。

④初步确定大鹏所城以郑氏司马第、赖英扬将军第及刘起龙将军第为南北中轴线进行整体布局。

⑤确定大鹏所城的城墙（甚至个别建筑）并非一次修建而成，存在至少两至三次大规模重修与改造。

4. 2010年6月，深圳市文物考古鉴定所以配合深圳市龙岗区政府大鹏街道办整治街区环境为目标的"阳光工程"为工作契机,进驻大鹏所城考古工地,先后相继在城隍庙和城墙东北角楼开展考古调查与发掘工作,考古发掘工作原本计划在城隍庙、左堂署、华光庙、天后宫以及东北角楼等四个地区展开。由于受到所城内房屋产权与经费核拨等因素的影响,本次考古工作最后只能在城隍庙和城墙东北角楼两个区域展开,总揭露面积约 675 平方米。

（1）城隍庙发掘区

城隍庙发掘区南及赖府巷,北至赖府,西临变电房,东靠赖府巷 1 号,布设探方 7 个,实际发掘总面积近 449.4 平方米。共发现各个时期的房屋遗迹 26 座,发现和清理灰坑 54 座,灰坑年代少量为明代早期和中期,其余绝大多数为明末清初时期。

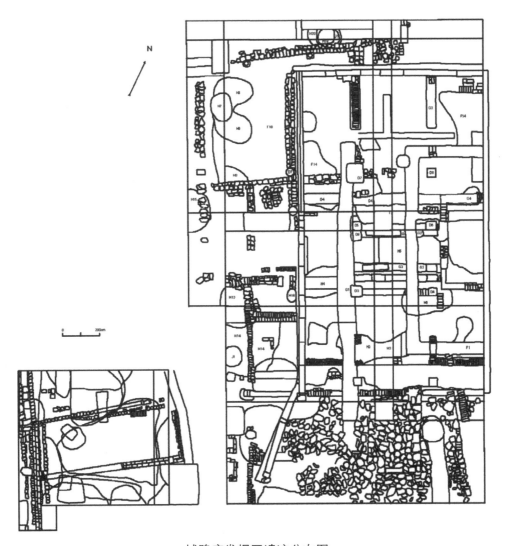

城隍庙发掘区遗迹分布图

（2）城墙东北角楼发掘区

角楼遗迹位于大鹏所城的东北角。为了弄清楚角楼的布局和它与城墙的关系，这里共布置三纵三横 9 个探方，总发掘面积共 225 平方米。

主要遗迹：

角楼：平面形状呈长方形，东西长 590 厘米，南北宽 575 厘米，四侧为砖墙。

马道：城墙顶部铺地砖地面残存现状大致呈三角形，北端东西宽 470 厘米，南端仅有一砖宽 45 厘米，南北总长 760 厘米。

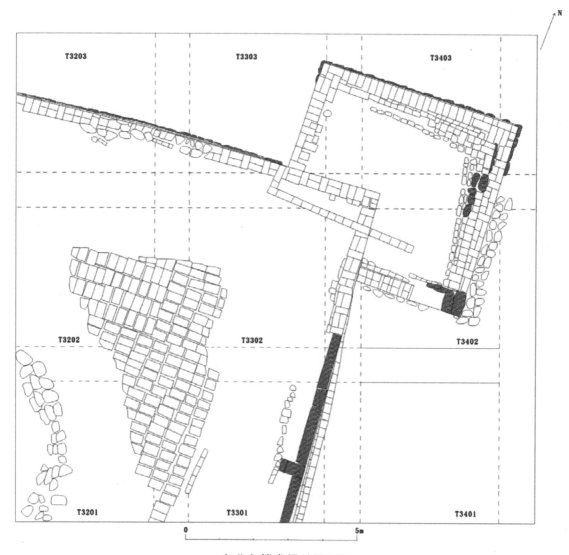

东北角楼发掘总平面图

逐步建立和完善中国岭南地区明清瓷器发展的地层序列，首次在香港以外地区以明确的地层将聚讼已久的香港大埔碗窑创烧年代定格在明代晚期天启到清代早期的康熙之际，并且确定了城隍庙的位置、修砌年代以及结构布局，订正了清康熙《新安县志》中有关大鹏所城北城墙角楼为圆形的记载。

并于 2011 年 11 月 8 日整理《大鹏所城整体保护项目二期工程第一阶段考古成果简报》。

二、研究成果

1.《深圳文物志》，深圳市文物管理委员会，文物出版社，2005 年。

2.《大鹏所城海防抗倭的历史文献梳理、回顾与前瞻》，刘梦雨，《晋城职业技术学院学报》，2015 年第 6 期。

3.《明代海防重镇大鹏所城》，高宜生，《山西建筑》2009 年第 8 期。

4.《论大鹏所城之变迁》，刘涓、赵万清，《山西建筑》2014 年第 1 期。

5.《大鹏所城木雕初探》，马骏德，《黑龙江科技信息》2008 年第 29 期。

6.《大鹏所城美学探析》，范竞，《美术向导》2012 年第 2 期。

7.《大鹏所城研究》，肖海博，硕士学位论文，河南大学，2007 年。

8.《深圳大鹏所城更新策略研究》，李广华，硕士学位论文，哈尔滨工业大学，2008 年。

9.《深圳大鹏所城将军府第建筑群体特征分析》，肖海博、周鼎，《中原文物》2011 年第 1 期。

10.《"利基"理念视点下的深圳大鹏所城更新策略》，宋聚生、李广华、张昊哲，中国城市规划学会编，《生态文明视角下的城乡规划——2008 中国城市规划年会论文集》，大连出版社，2008 年。

11.《关于文化遗产产业化问题的思考——深圳大鹏所城保护与合理利用的探讨》，赖德劭，地域建筑文化论坛论文集，2005 年。

第四章　评估分析图

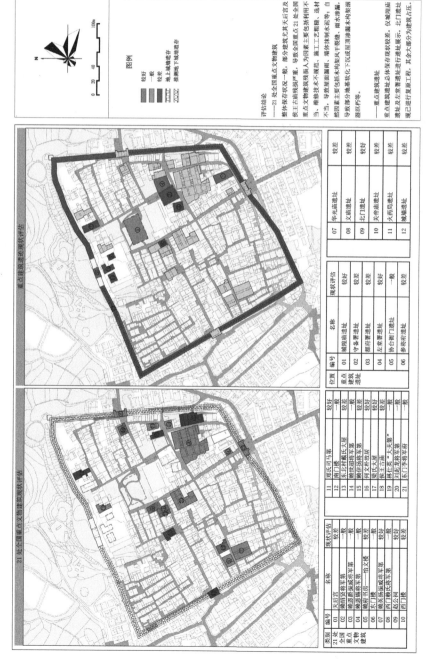

21处全国重点文物建筑及重点建筑遗址保存现状评估图

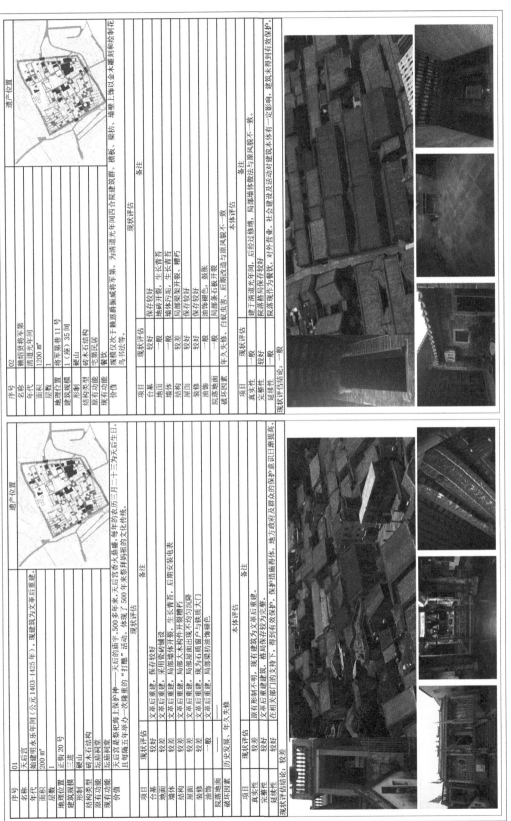

21处全国重点文物建筑与重点建筑遗址保存现状评估表（一）

01 天后宫

序号	01
名称	天后宫
年代	始建明永乐年间（公元1403-1425年），现建筑为文革后重建。
面积	200 m²
层数	1
地理位置	正街20号
建筑规模	三进
形制	硬山
结构类型	砖木石结构
原有功能	坛庙祠堂
现有功能	坛庙祠堂
价值	天后官是祭祀海上保护神——天后的庙宇。500多年来，天后官香火甚盛。每年的农历三月二十三为天后生日，且每隔五年举办一次隆重的"打醮"活动，体现了500年来祭拜妈祖的文化传统。

现状评估

项目	现状评估	备注
台基	较好	文革后重建，保存较好
地面	较差	文革后重建，采用瓷砖铺设
墙体	较差	文革后重建，局部墙体开裂
结构	较差	文革后重建，局部大木构件开裂糟朽
屋面	较差	文革后重建，局部屋面出现不均匀沉降
装修	较差	文革后重建，现为右侧窗户与铁皮大门
油饰	一般	文革后重建，局部梁枋油饰褪绿色
破坏因素	历史发展、年久失修	

本体评估

项目	现状评估	备注
真实性	较差	原有形制不明，现有建筑为文革后重建。
完整性	较好	文革后重建建筑，格局保存较为完整。
延续性	较好	在相关部门的支持下，得到有效保护，保护措施得存体，地方政府及群众的保护意识日渐提现。

现状评估结论：较差

02 懒绍资将军第

序号	02
名称	懒绍资将军第
年代	清道光年间
面积	1200 m²
层数	1
地理位置	将军第表11号
建筑规模	1（庙）35间
形制	硬山
结构类型	砖木石结构
原有功能	宅第民居
现有功能	餐饮
价值	懒绍资改于下赖恩爵振威将军第。为清道光年间四合院建筑群。墙坊、梁板、墙雄上饰以金木雕刻和绘制花。

现状评估

项目	现状评估	备注
台基	较好	
地面	一般	地砖开裂、生长青苔
墙体	较差	墙体污损、生长青苔
结构	较差	局部梁架开裂糟朽
屋面	较好	保存较好
装修	较好	
油饰	一般	油饰褪色、鼓胀
院落地面	一般	局部墙多石板开裂
破坏地面		年久失修、白蚁虫害、后期改造与原风貌不一致

本体评估

项目	现状评估	备注
真实性	一般	建于清道光年间，后经过修缮，局部端体做法与原风貌一致。
完整性	较好	院落格局保存较好
延续性	一般	院落现作为餐饮，对外营业。社会建设及活动对建筑本体有一定影响，建筑未得到有效保护。

现状评估结论：一般

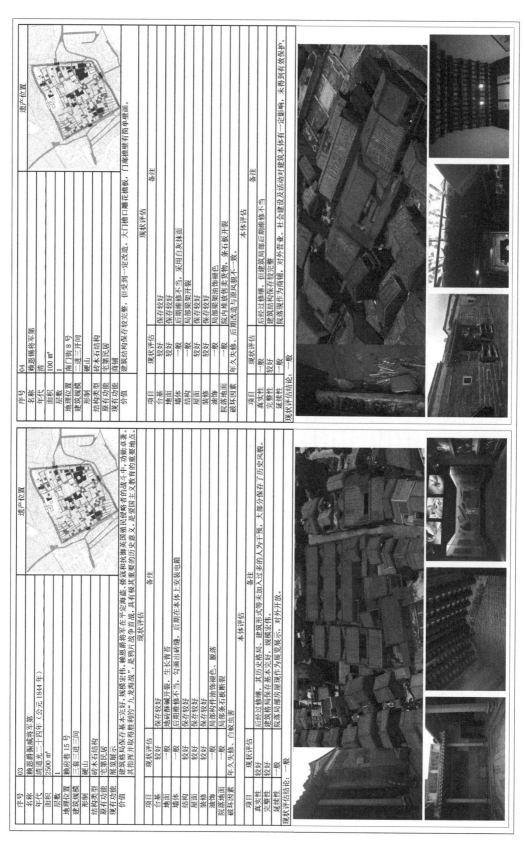

序号	03
名称	赖恩爵振威将军第
年代	清道光二十四年（公元1844年）
面积	2500 ㎡
层数	1
地理位置	赖府巷15号
建筑规模	三套三进三间
形制	硬山
结构类型	砖木石结构
原有功能	宅第民居
现有功能	展览展示
价值	赖恩爵振威将军第基本完好，规模宏伟。赖恩爵将军在平定海盗、镇压和抵御英国殖民侵略者的战斗中，功勋卓著。其指挥并取得胜利的"九龙海战"，是爱国主义教育的重要地点。

项目	现状评估	备注
台基	较好	
地面	一般	地砖酥碱开裂、生长青苔
墙体	一般	后期维修不当、勾画出砖痕
结构	较好	保存较好
屋面	较好	保存较好
装修	较好	保存较好
油饰	一般	局部构件油饰褪色、脱落
院落地面	一般	局部条石板断裂
破坏因素	年久失修、白蚁虫害	

项目	本体评估	备注
真实性	较好	后经过修缮，其历史格局、建筑形式等未加入过多的人为干预，大部分保存了历史风貌。
完整性	较好	建筑格局保存基本完整、规模宏伟。
延续性	一般	院落各屋房现作为展览展示，对外开放。
现状评估结论：一般		

序号	04
名称	赖恩锡将军第
年代	清
面积	100 ㎡
层数	1
地理位置	南门街8号
建筑规模	一进三开间
形制	硬山
结构类型	砖木石结构
原有功能	宅第民居
现有功能	商铺
价值	建筑结构保存较完整，但受到一定改造。大门镶嵌有简单壁画。门廊檐壁有花岗板，门额雕有简单壁画。

项目	现状评估	备注
台基	较好	保存较好
地面	较好	保存较好
墙体	一般	后期维修不当、采用白灰抹面
结构	一般	局部梁架开裂
屋面	较好	保存较好
装修	较好	保存较好
油饰	一般	局部梁架油饰褪色
院落地面	一般	院内堆放杂货物、条石板开裂
破坏因素	年久失修、后期改造与原风貌不一致	

项目	本体评估	备注
真实性	一般	后经过修缮，但建筑局部后期维修不当
完整性	较好	建筑结构保存较完整
延续性	一般	院落现作为商铺，对外营业。社会建设及活动对建筑本体有一定影响，未得到有效保护。
现状评估结论：一般		

21处全国重点文物建筑与重点建筑遗址保存现状评估表（二）

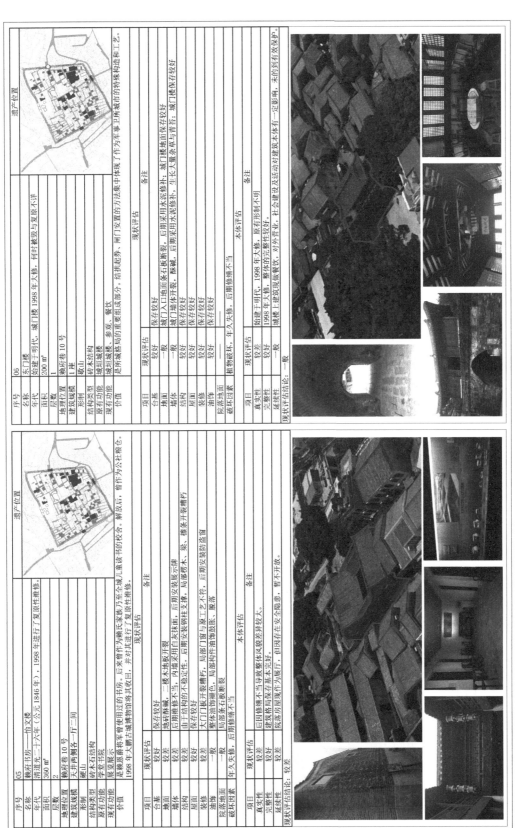

遗产位置

序号	05
名称	鹅府书房——怕文楼
年代	清道光二十六年（公元1846年），1998年进行了复原性维修。
面积	360 m²
层数	2
地理位置	鹅府巷10号
建筑规模	大井两侧各一厅二间
形制	硬山
结构类型	砖木石结构
原有功能	学堂书院
现有功能	展览展示
价值	是赖恩番将军曾使用过的书房，后来曾作为赖氏家族乃至全城儿童读书识字的校舍。解放后，曾作为公社粮仓。1998年大鹏古城博物馆将其收回，并对其进行了复原性维修。

项目	现状评估	备注
台基	保存较好	
地面	较好	地砖酥碱，一楼木地板开裂
墙体	较差	后期维修不当，内墙采用白灰抹面，后期安装展示牌
结构	较好	由于结构的不稳定性，后期安装钢柱支撑，局部朽木
屋面	较好	保存较好
装修	较好	大门门板开裂糟朽，局部门窗与原工艺不符，后期安装防盗窗
油饰	一般	整体油饰褪色，局部构件油漆剥质，脱落
院落地面	年久失修，后期修缮不当	局部条石板断裂

项目	现状评估	备注
真实性	较差	后期修缮不当与房屋整体风貌差异较大。
完整性	较好	建筑格局保存基本完好。
延续性	较差	院落房屋现作为展厅，但因存在安全隐患，暂不开放。

现状评估结论：较差

遗产位置

序号	06
名称	东门楼
年代	始建于明代，城门楼1998年大修，何时被毁与复原不详。
面积	200 m²
层数	1
地理位置	鹅府巷10号
建筑规模	1座
形制	歇山
结构类型	砖木结构
原有功能	城墙城楼
现有功能	参观、餐饮
价值	是所城格局的重要组成部分。结地起券。闸门安置的方法集中体现了作为军事卫所的城市的特殊结构造和工艺。

项目	现状评估	备注
台基	保存较好	
地面	一般	城门入口地面条石板断裂，后期采用水泥修补
墙体	一般	城门楼墙面酥碱，后期采用水泥修补，生长大量杂草青苔；城门楼地面保存较好
结构	较好	保存较好
屋面	较好	保存较好
装修	较好	保存较好
油饰	较好	——
院落地面	——	
破坏因素	植物破坏，年久失修	

项目	现状评估	备注
真实性	较差	始建于明代，1998年大修，原有形制不明
完整性	较好	1998年大修，整体的完整性较好。
延续性	一般	城楼上建筑现做餐饮，对外营业，社会建设及活动对建筑本体有一定影响，未的到有效保护。

现状评估结论：一般

21处全国重点文物建筑与重点建筑遗址保存现状评估表（三）

序号	07
名称	赖英扬振威将军第
年代	清
面积	376 ㎡
层数	正一
地理位置	正街6号
建筑规模	二进二开间一天井
形制	硬山
结构类型	砖木石结构
原有功能	宅第民居
现有功能	商铺
价值	门首雕花槅板，雕工精细，后殿前墙为木雕装成，有四神的防蛀等，板具艺术价值。后殿内设祖宗灵牌，还有锦绣包裹的木匣，密为旧时物，神台、供桌、吊灯等均为旧物。

现状评估

项目	现状评估	备注
台基	较好	保存较好
地面	较好	保存较好
墙体	较好	保存较好
结构	较好	保存较好
屋面	一般	局部屋面生长杂草
装修	较好	保存较好
油饰	一般	局部梁架油饰褪色
院落地面	较好	保存较好
破坏因素	年久失修，白蚁虫害，不合理利用	

本体评估

项目	现状评估	备注
真实性	一般	建干净，虽经过修缮，但建筑仍有诸多安全隐患问题，并设装广告牌
完整性	较好	建筑格局保存基本完好
延续性	一般	院落房屋现用作为商铺，对外经营，人为活动对建筑本体有一定影响，未得到有效保护。
现状评估结论：较好		

序号	08
名称	西门赖氏将军第
年代	清
面积	350 ㎡
层数	上层
地理位置	十字街40号
建筑规模	二进二开间
形制	硬山
结构类型	砖木结构
原有功能	宅第民居
现有功能	民俗酒店
价值	将军第保存基本完好，整体布局如旧。

现状评估

项目	现状评估	备注
台基	较好	
地面	一般	后期功能变为民宿，室内地面更改为木地板，下藏生长青苔
墙体	一般	外墙青砖裸露，与原风貌不符，采用白灰抹面
结构	较好	
屋面	较好	
装修	较好	内墙后期雕修不当
油饰	较好	
院落地面	较好	
破坏因素	年久失修	

本体评估

项目	现状评估	备注
真实性	较好	建干净，虽经过修缮，但局部改变了历史风貌
完整性	较好	院落布局保存基本完好
延续性	一般	院落房屋现用作为民宿，对外经营，社会建设及活动对建筑本体有一定影响，未得到有效保护。
现状评估结论：一般		

21处全国重点文物建筑与重点建筑遗址保存现状评估表（四）

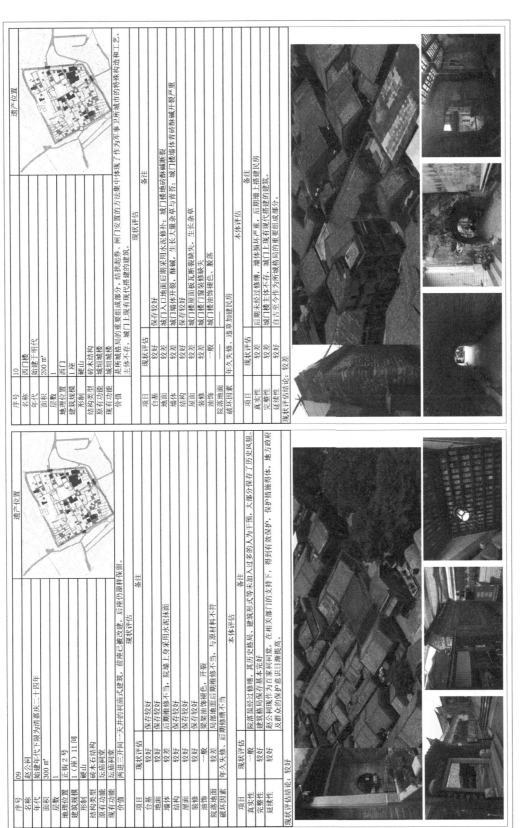

21处全国重点文物建筑与重点建筑遗址保存现状评估表（五）

序号	09
名称	赵公祠
年代	始建年代下限为清嘉庆二十四年
面积	300 m²
层数	1
地理位置	正街2号
建筑规模	1（座）11间
形制	硬山
结构类型	砖木石结构
原有功能	坛庙祠堂
现有功能	坛庙祠堂
价值	两进三开间一天井的祠庙式建筑，前座已被改建，后座仍原样保留。

项目	现状评估	备注
台基	较好	
地面	较好	
墙体	较差	后期维修不当，院墙上身采用水泥抹面
结构	较好	
屋面	较好	
装修	较好	
油饰	一般	梁架油饰褪色，开裂
院落地面	较差	局部地面后期维修不当，与原材料不符
破坏因素	年久失修，后期修缮不当	

项目	现状评估	备注
真实性	一般	院落虽经过修缮，其历史格局、建筑形式等未加入过多的人为干预，大部分保存了历史风貌。
完整性	较好	建筑格局保存基本完好
延续性	较好	赵公祠现作为白家祠堂，在相关部门的支持下，得到有效保护，保护措施得体，及群众的保护意识日渐提高。

现状评估结论：较好

序号	10
名称	西门楼
年代	始建于明代
面积	200 m²
层数	1
地理位置	西门
建筑规模	1座
形制	硬山
结构类型	砖木结构
原有功能	城垣城楼
现有功能	城垣城楼
价值	是所城城防的重要组成部分，结构起券，闸门安置的方法集中体现了作为军事卫所城市所承袭的传统构造和工艺。城门楼局为现有现代搭建的建筑。主体不存。

项目	现状评估	备注
台基	保存较好	
地面	较差	城门入口地面后期采用水泥修补；城门楼地砖酥碱断裂
墙体	较差	城门墙体干裂、酥碱，生长大量杂草与青苔；城门楼墙体青砖酥碱开裂严重
结构	较好	
屋面	较差	城门楼屋面板瓦断裂缺失、生长杂草
装修	较差	城门楼门窗装饰缺失
油饰	一般	城门楼油饰褪色、脱落
院落地面		
破坏因素	年久失修	谩章加建民房

项目	现状评估	备注
真实性	较差	后期未经过修缮、墙体损坏严重，后期墙上搭建民房
完整性	较差	城门楼主体不存；城门上现有现代搭建的建筑。
延续性	较好	自古至今作为所城城格局的重要组成部分。

现状评估结论：较差

109

21处全国重点文物建筑与重点建筑遗址保存现状评估表（六）

序号	11
名称	郑氏司马第
年代	不详
面积	350 ㎡
层数	1
地理位置	正街8号
建筑规制	1（栋）15间
形制	硬山
结构类型	砖木石结构
原有功能	宅第民居
现有功能	办公
价值	建筑格局保存较好，有精致而坚硬的镇木雕。

现状评估

项目	现状评估	备注
台基	较好	保存较好
地面	一般	地砖上生长大量青苔
墙体	较好	保存较好
结构	较好	保存较好
屋面	一般	局部屋面生长杂草
装修	较好	保存较好
油饰	一般	局部梁架油饰褪色
院落地面	较好	保存较好
破坏因素	年久失修，白蚁虫害	

本体评估

项目	现状评估	备注
真实性	较好	始建于明清，院落虽经过修缮，其历史格局、建筑形式等基本未加入过多的人为干预，大部分保存丁历史风貌
完整性	较好	建筑格局保存基本完好
延续性	一般	院落房屋现现作为大鹏新区诗歌协会，社会建设及活动对建筑本体有一定影响。

现状评估结论：较好

序号	12
名称	南门楼
年代	始建于明代，城门楼1998年大修，何时被毁与复原不详
面积	200 ㎡
层数	1
地理位置	南门
建筑规制	1座
形制	歇山
结构类型	砖木结构
原有功能	城垣城楼
现有功能	城垣城楼
价值	是所城格局的重要组成部分。结拱起券。闸门瓮室中体现了作为军事卫所城市的防御体系结构造和工艺。

现状评估

项目	现状评估	备注
台基	较好	保存较好
地面	一般	城门入口处地面条石板断裂，后期采用水泥修补
墙体	一般	城门墙体开裂，酥碱，后期采用水泥修补
结构	较好	保存较好
屋面	较好	保存较好；生长大量杂草与青苔；城门楼保存较好
装修	较好	保存较好
油饰	较好	—
院落地面	—	—
破坏因素	年久失修，旅游压力	

本体评估

项目	现状评估	备注
真实性	较好	始建于明代，城门楼1998年大修，原有形制不明
完整性	较差	1998年大修，整体的完整性较好
延续性	一般	城楼上建筑现做展厅，对外开放。

现状评估结论：

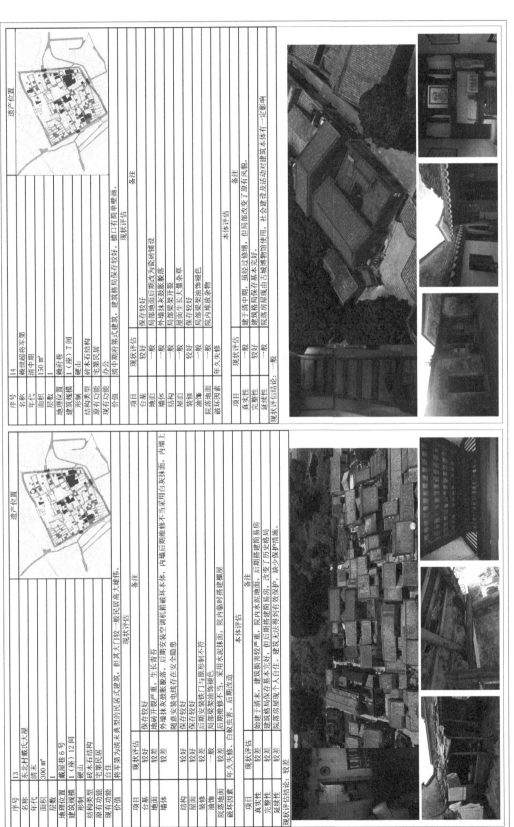

遗产位置

序号	13
名称	东北村戴氏大屋
年代	清末
面积	300 m²
层数	1
地理位置	藏层巷6号
建筑规模	1（座）12间
形制	硬山
结构类型	砖木石结构
原有功能	宅第民居
现有功能	自住
价值	将军第为清末为典型的民居式建筑，但其大门较一般民居高大雄伟。

现状评估

项目	现状评估	备注
台基	较好	保存较好
地面	较差	地砖开裂严重，生长青苔
墙体	较差	随着安装电线存在安全隐患 / 外墙抹灰箱鼓脱膊落，内墙后期维修不当采用白灰抹面，内墙上
结构	较好	保存较好
屋面	较好	保存较好
装修	较差	后期安装铁门与原形制不符
油饰	一般	局部梁架油饰褪色
院落地面	较差	后期维修不当，采用水泥抹面，院内临时搭建棚屋
破坏因素	年久失修、白蚁虫害	后期改造

本体评估

项目	现状评估	备注
真实性	较差	始建于清末，建筑损害较严重，但后期搭建简易房
完整性	较差	建筑格局保存基本完好，但后期搭建简易房，院内水泥地面，改变了历史格局
延续性	较差	院落房屋现为个人自住，建筑无法得到有效保护，缺少保护措施

现状评估结论：较差

遗产位置

序号	14
名称	赖世超将军第
年代	清中期
面积	150 m²
层数	1
地理位置	赖府巷
建筑规模	1（座）7间
形制	硬山
结构类型	砖木石结构
原有功能	宅第民居
现有功能	办公
价值	清中期府第式建筑，建筑格局保存较好，镇口有简单壁画。

现状评估

项目	现状评估	备注
台基	较好	保存较好
地面	一般	局部地面后期改为瓷砖铺设
墙体	一般	外墙抹灰表层脱膊落
结构	一般	局部梁架开裂
屋面	较好	屋面生长大量杂草
装修	较好	保存较好
油饰	一般	局部梁架油饰褪色
院落地面	年久失修	院内堆放杂物

本体评估

项目	现状评估	备注
真实性	一般	建于清中期，局经过修缮，但局部改变了原有风貌
完整性	较好	建筑格局保存基本完好
延续性	一般	院落房屋现由古城博物馆使用，社会建设及活动对建筑本体有一定影响

现状评估结论：一般

21处全国重点文物建筑与重点建筑遗址保存现状评估表（七）

序号	15		遗产位置
名称	赖信扬将军第		
年代	清		
面积	100 ㎡		
层数	1		
地理位置	赖府巷12号		
建筑规模	二进二开间一天井		
形制	硬山		
结构类型	砖木结构，局部后期改造为砖混结构		
原有功能	宅第民居		
现有功能	自住		
价值	北次间、当心间被改建，南次间保存完整		

现状评估

项目	现状评估	备注
台基	较差	局部建筑与原形制不符，后期改为现代钢混结构建筑
地面	较差	地面采用瓷砖铺设，现保存建筑室内地砖灰泥脱落
墙体	一般	局部房屋后期房屋后期为钢混混凝结构建筑，现保存建筑结构较好，生长青苔
结构	一般	局部房屋后期房屋后期为钢混混凝结构建筑，现保存建筑结构较好
屋面	较好	局部房屋后期房屋后期为钢混混凝结构建筑，现保存屋面生长杂草
装修	一般	局部房屋后期为钢混凝结构建筑，现保存建筑门窗保存较好
油饰	一般	局部房屋后期为钢混凝结构建筑，现保存梁架油饰褪色
院落地面	较差	局部房屋后期为钢混凝结构建筑，现保存院内地面生长大量杂草
破坏因素	年久失修，后期维修不当	局部条石板断裂

本体评估

项目	现状评估	备注
真实性	一般	始建于清末，建筑损害较严重
完整性	较好	建筑格局保存基本完好
延续性	一般	院落房屋现今个人自住。建筑无法得到有效保护，缺少保护措施
现状评估结论：较差		

序号	16		遗产位置
名称	何文朴故居		
年代	清光绪年间		
面积	300 ㎡		
层数	1		
地理位置	东门街14号		
建筑规模	一进二开间		
形制	硬山		
结构类型	砖木石结构		
原有功能	宅第民居		
现有功能	餐饮		
价值	将军第内保存有有文物的画像及清末绸匾数块		

现状评估

项目	现状评估	备注
台基	较好	保存较好
地面	较好	保存较好
墙体	一般	后期安装广告牌破坏本体
结构	较好	保存较好
屋面	一般	局部屋面生长杂草
装修	较好	保存较好
油饰	较好	保存较好
院落地面	一般	局部条石板断裂，后期维修不当
破坏因素	年久失修	

本体评估

项目	现状评估	备注
真实性	一般	建筑损害较严重
完整性	较好	院落局部本体完好
延续性	一般	院落现作为餐饮，对外营业。社会建设及活动对建筑本体有一定影响。
现状评估结论：较好		

21处全国重点文物建筑与重点建筑遗址保存现状评估表（八）

遗产位置

序号	17
名称	梁氏大屋
年代	晚清
面积	220 m²
层数	1
地理位置	十字街38号
建筑规模	左边部分为一层坡屋顶，三开间，两进一天井，右边为一开间，两进一天井。
形制	硬山
结构类型	砖木石结构
原有功能	宅第民居
现有功能	商铺、餐饮
价值	清代传统建筑。

现状评估

项目	现状评估	备注
台面	较好	
地面	一般	部分缺失地砖，后期采用瓷砖修补
墙体	较好	保存较好
结构	较好	保存较好
屋面	一般	局部屋面生长杂草
装修	较好	保存较好
油饰	较好	保存较好
院落地面	一般	局部条石板断裂
破坏因素	年久失修	

本体评估

项目	现状评估	备注
真实性	一般	建于晚清，虽经过维修，但局部维修不当
完整性	较好	
延续性	一般	院落格局保存较好
现状评估结论：较好		院落现用作为餐饮及商铺，对外营业。社会经营活动对建筑本体有一定影响。

遗产位置

序号	18
名称	保王古庙
年代	清
面积	180 m²
层数	1
地理位置	东减巷1号
建筑规模	1座
形制	硬山
结构类型	砖木石结构
原有功能	玩桥祠堂
现有功能	闲置
价值	后遭破坏，但下部基础仍保存下来。清代重修。庙门的花岗岩石对联尚完整，庙门前竖一花岗岩石匾，边体现了泾镇中祥祭张良的特别文化传统。

现状评估

项目	现状评估	备注
台基	较差	地基出现不均匀沉降
地面	较差	地砖开裂严重，生长青苔
墙体	较差	墙体大面积脱落，外墙上后期贴上安装铁制构件
结构	较差	两屋屋梁缺失
屋面	较差	屋面缺失
装修	较差	门窗装修朽烂严重，局部窗户缺失
油饰	一般	局部构件油饰鼓胀、脱落、褪色
院落地面	—	
破坏因素	年久失修	自然灾害

本体评估

项目	现状评估	备注
真实性	较差	建于清，建筑鼠蚁害较严重，屋顶现已缺失，存在安全隐患
完整性	较差	院落格局保存较好，但格局基本完整
延续性	较差	院落现闲置，无法得到有效保护，缺少保护措施
现状评估结论：较差		

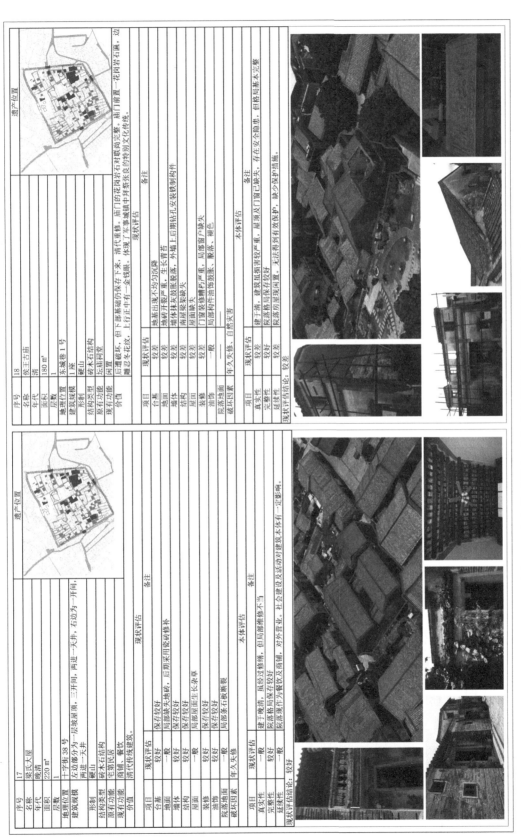

21处全国重点文物建筑与重点建筑遗址保存现状评估表（九）

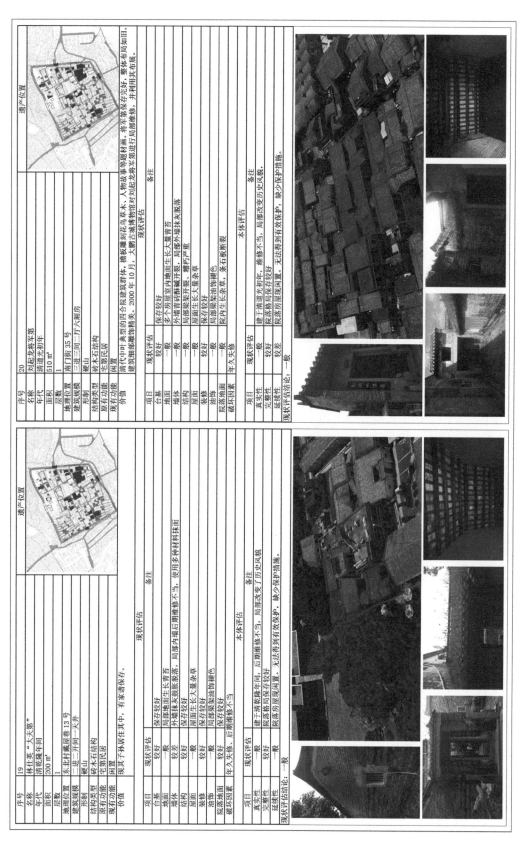

序号	19
名称	林柱英"大夫第"
年代	清乾隆年间
面积	200㎡
层数	1
地理位置	东北村藏屋巷13号
建筑规模	二进二开间一天井
形制	硬山
结构类型	砖木石结构
原有功能	宅第民居
现有功能	闲置
价值	现其子孙居住其中，有家谱保存。

现状评估

项目	现状评估	备注
台基	较好	保存较好
地面	一般	局部地生长青苔
墙体	较差	外墙抹灰碳脱脉露，局部内墙后期维修不当，使用多种材料抹面
结构	保存较好	保存较好
屋面	一般	屋面生长大量杂草
装修	较好	保存较好
油饰	一般	局部梁架油饰褪色
院落地面	较好	保存较好
破坏因素	年久失修	后期维修不当

本体评估

项目	现状评估	备注
真实性	一般	建于清乾隆年间，后期维修不当，局部改变了历史风貌
完整性	较好	院落格局保存较好
延续性	一般	院落房屋现闲置，无法得到有效保护，缺少保护措施

现状评估结论：一般

序号	20
名称	刘起龙将军第
年代	清道光初年
面积	510㎡
层数	1
地理位置	南门街35号
建筑规模	三进三间二厅六厢房
形制	硬山
结构类型	砖木石结构
原有功能	宅第民居
现有功能	闲置
价值	清代中叶典型的四合院建筑群体，镶板雕刻花鸟草木，人物故事等题材画，大鹏古城博物馆对刘起龙将军第进行局部维修，并利用其布展。建筑细部雕饰精美。2000年10月，大鹏古城博物馆对刘起龙将军第进行局部加固。

现状评估

项目	现状评估	备注
台基	较好	保存较好
地面	一般	多个房屋室内地面生长大量青苔
墙体	一般	外墙青砖碱开裂，局部外墙抹灰脱落
结构	一般	局部梁架开裂，赠朽严重
屋面	较好	保存较好
装修	一般	屋面生长大量杂草
油饰	一般	局部梁架油饰褪色
院落地面	一般	院内生长杂草，条石板断裂
破坏因素	年久失修	

本体评估

项目	现状评估	备注
真实性	一般	建于清道光初年，维修不当，局部改变历史风貌
完整性	较好	院落格局保存较好
延续性	较差	院落房屋现闲置，无法得到有效保护，缺少保护措施

现状评估结论：一般

21处全国重点文物建筑与重点建筑遗址保存现状评估表（十）

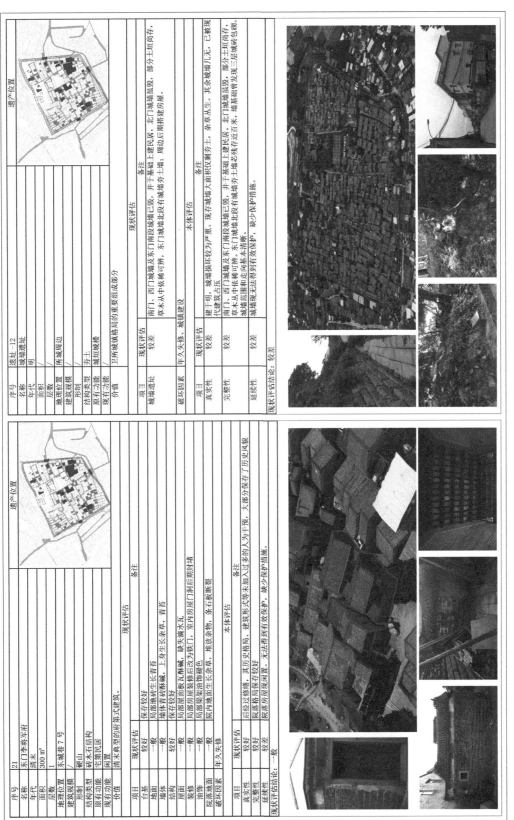

21处全国重点文物建筑与重点建筑遗址保存现状评估表（十一）

序号	21
名称	东门李将军府
年代	清末
面积	300 ㎡
层数	1
地理位置	东城巷7号
建筑规模	
形制	硬山
结构类型	砖木石结构
原有功能	宅第民居
现有功能	闲置
价值	清末典型的所存式建筑。

现状评估

项目	现状评估	备注
台基	较好	保存较好
地面	一般	局部地砖生长青苔
端墙	一般	墙体青砖酥碱, 上身生长杂草、青苔
结构	较好	保存较好
屋面	一般	局部屋面面板瓦酥碱, 缺失滴水瓦
油饰	一般	局部房屋门装修后改为铁门, 室内房屋门洞后期封堵
院落地面	一般	局部梁架油饰褪色
破坏因素	年久失修	院内地面生长杂草, 条石板断裂

本体评估

项目	现状评估	备注
真实性	较好	后经过修缮, 其历史格局、大部分保存了历史风貌。
完整性	较好	院落格局保存较好
延续性	较差	院落房屋现闲置, 无法得到有效保护, 缺少保护措施。

现状评估结论: 一般

序号	遗址-12
名称	城墙遗址
年代	明
面积	/
层数	/
地理位置	所城周边
建筑规模	/
形制	/
结构类型	夯土
原有功能	城垣城楼
现有功能	/
价值	卫所城镇格局的重要组成部分

现状评估

项目	现状评估	备注
城墙遗址	较差	南门、西门城墙及东门南段城墙已毁, 并于基础上建民居, 北门基础上依稀可辨, 东门城墙北段有城端夯土端; 周边后期搭建房屋。
破坏因素	年久失修、城镇建设	

本体评估

项目	现状评估	备注
真实性	较差	南门、西门城墙及东门南段城墙已毁, 现存城墙端已毁, 并于基础上建民居, 东门城墙北段仅依稀可辨, 草草丛生。其余城墙几无, 杂草丛生。
完整性	较差	健于基础上建民居, 并于基础上建民居, 部分土垣尚存, 北门城墙北段有城墙芯残存近百米, 墙基础曾发现三层城砖包砌。
延续性	较差	城墙现无法得到有效保护, 缺少保护措施。

现状评估结论: 较差

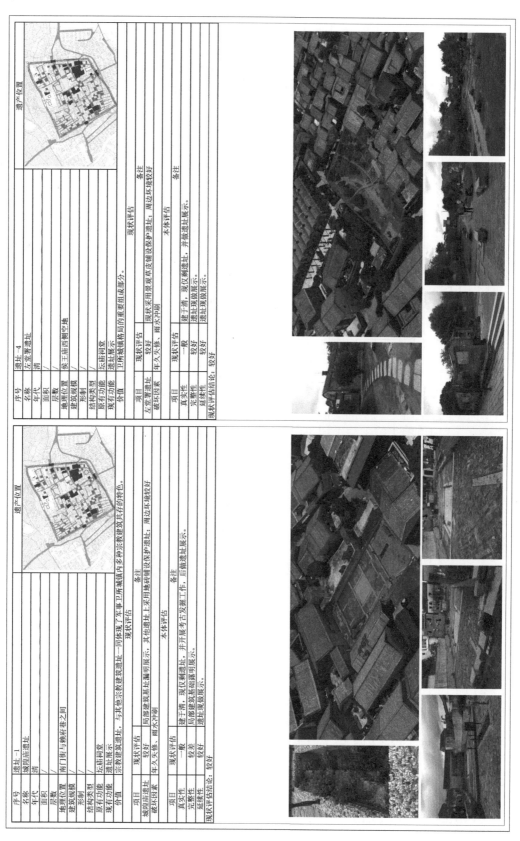

21处全国重点文物建筑与重点建筑遗址保存现状评估表（十二）

序号	遗址一1		遗产位置
名称	城隍庙遗址		
年代	清		
面积	/		
层数	/		
地理位置	南门街与鹅府巷之间		
建筑规模	/		
形制	/		
结构类型	/		
原有功能	坛庙祠堂		
现有功能	遗址展示		
价值	宗教建筑遗址，与其他宗教建筑共存的特色。一同体现了军事卫所城镇内多种宗教建筑共存的特色。		

项目	现状评估	备注
城隍庙遗址	较好	局部建筑基址阐明展示；其他遗址上采用地砖铺设保护遗址；周边环境较好
破坏因素	年久失修、雨水冲刷	本体评估

项目	现状评估	备注
真实性	一般	建于清，现仅剩遗址，并开展考古发掘工作，后做遗址展示。
完整性	较差	局部建筑基础阐露明展示。
延续性	较好	遗址现做展示。

现状评估结论：较好

序号	遗址一4		遗产位置
名称	左堂署遗址		
年代	清		
面积	/		
层数	/		
地理位置	候王庙西侧空地		
建筑规模	/		
形制	/		
结构类型	/		
原有功能	坛庙祠堂		
现有功能	遗址展示		
价值	卫所城镇格局的重要组成部分。		

项目	现状评估	备注
左堂署遗址	较好	现状采用景观草皮铺设保护遗址；周边环境较好
破坏因素	年久失修、雨水冲刷	本体评估

项目	现状评估	备注
真实性	一般	建于清，现仅剩遗址，并做遗址展示。
完整性	较好	遗址现做展示。
延续性	较好	

现状评估结论：较好

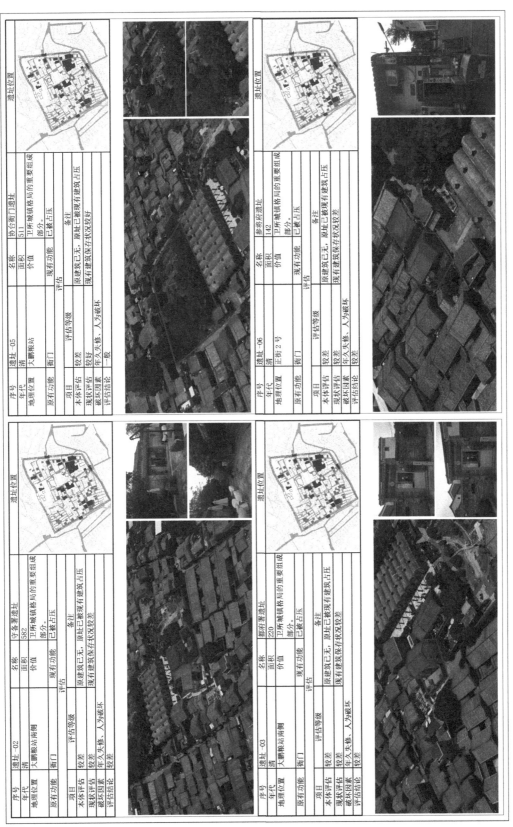

21 处全国重点文物建筑与重点建筑遗址保存现状评估表（十三）

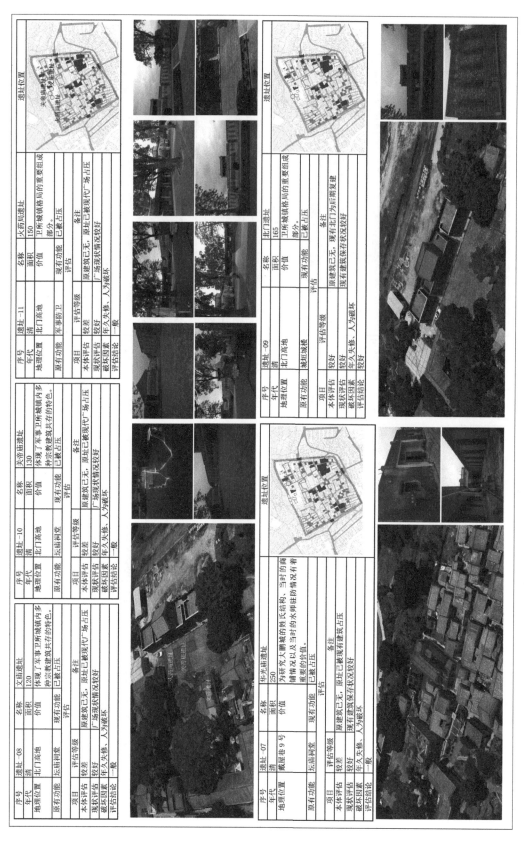

21 处全国重点文物建筑与重点建筑遗址保存现状评估表（十四）

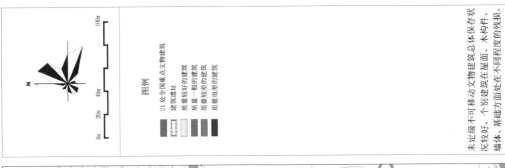

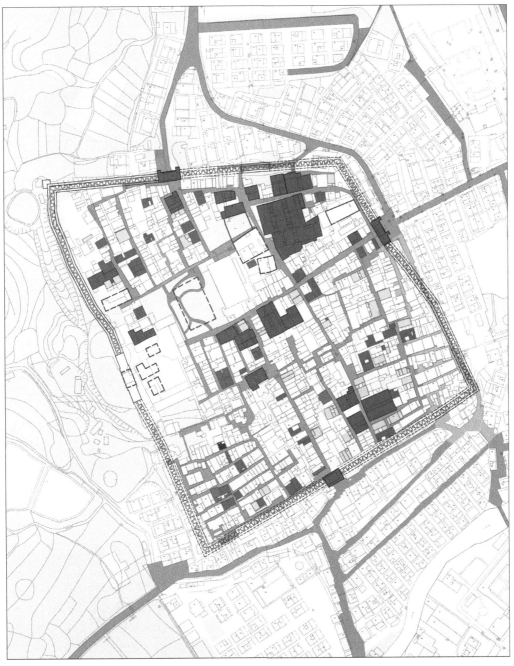

未定级不可移动文物建筑评估图

未定级不可移动文物建筑总体保存状况较好，个别建筑在屋面、木构件、墙体、基础方面处在不同程度的残损。

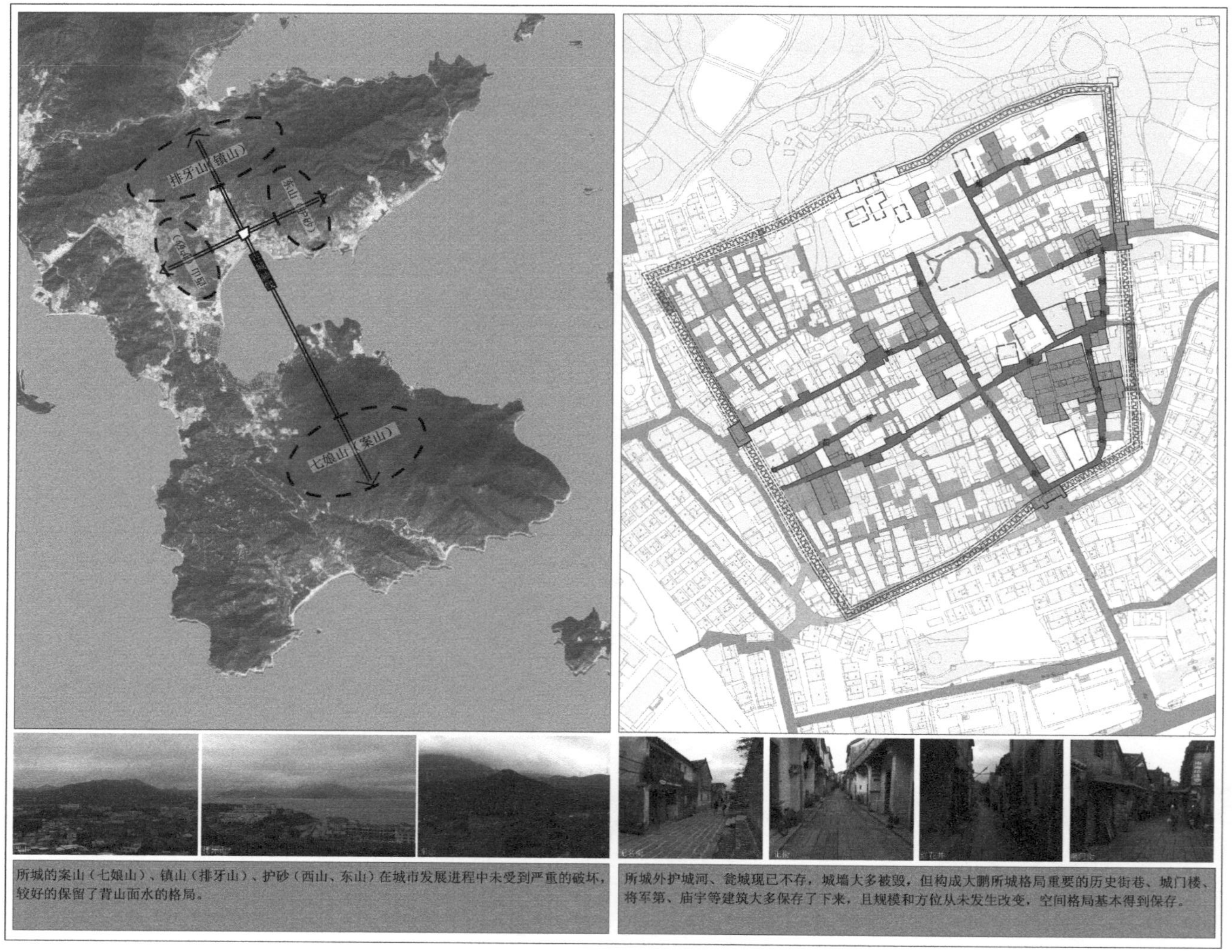

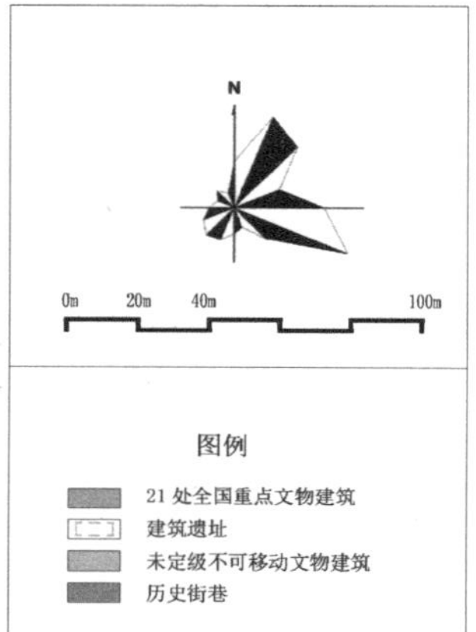

排牙山（镇山）
东山（护砂）
西山（护砂）
七娘山（案山）
所城的案山（七娘山）、镇山（排牙山）、护砂（西山、东山）在城市发展进程中未受到严重的破坏，较好的保留了背山面水的格局。
所城外护城河、瓮城现已不存，城墙大多被毁，但构成大鹏所城格局重要的历史街巷、城门楼、将军第、庙宇等建筑大多保存了下来，且规模和方位从未发生改变，空间格局基本得到保存。

N
0m
20m
40m
100m
图例
21 处全国重点文物建筑
建筑遗址
未定级不可移动文物建筑
历史街巷

大鹏所城历史格局整体保存一般。

所城较好的保存了历史背山面水的格局；但城外护城河、瓮城现已不存，城墙大多被毁，仅东城墙和北城墙局部存在地上遗存，其余为房屋建筑占压；但构成大鹏所城格局重要的历史街巷、城门楼、将军第、庙宇等建筑大多保存了下来，且规模和方位从未发生改变，空间格局基本得到保存。

大鹏所城格局评估图

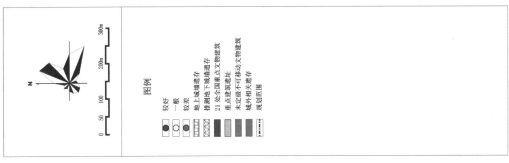

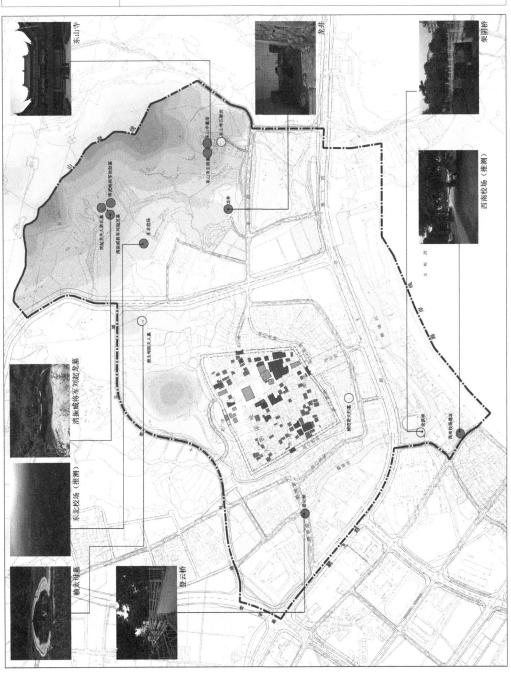

城外相关遗存保存现状评估图

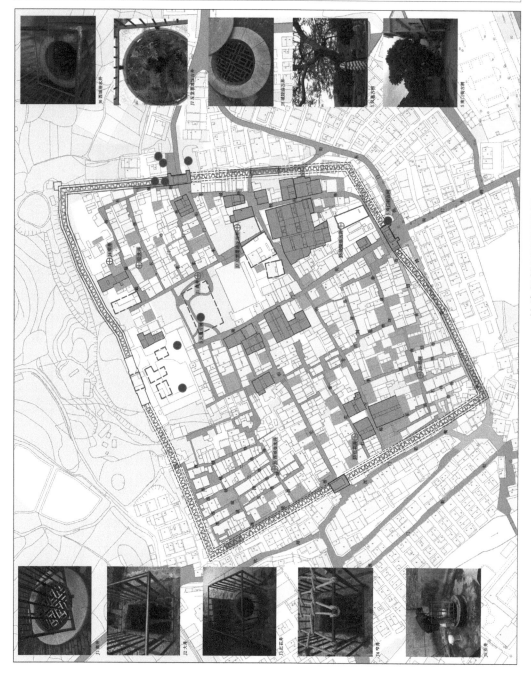

序号	名称	评估
J1	高井	保存一般
J2	大井	保存一般
J3	红花井	保存一般
J4	窄井	保存一般
J5	石井	保存较好
J6	西城巷水井	保存一般
J7	左堂署遗址古井	保存较好
J8	城隍庙古井	保存较好
S1-S9	古树 9 株	

图例

21 处全国重点文物建筑
重点建筑级不可移动文物建筑
未定级不可移动文物建筑
古井
古树

其他保护要素评估图

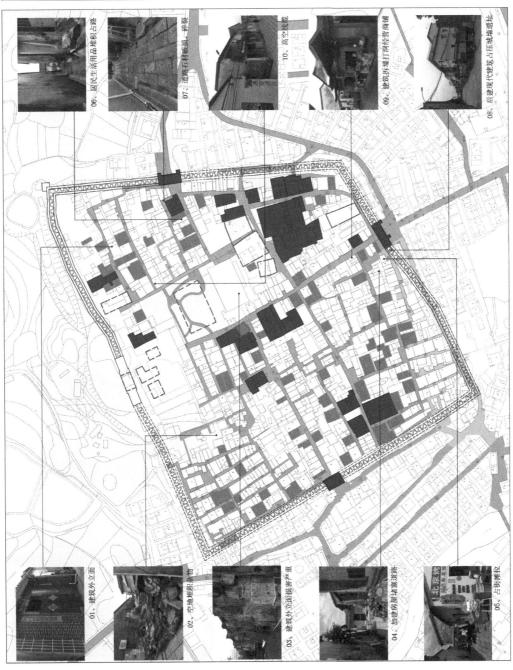

周边环境评估图（城内）

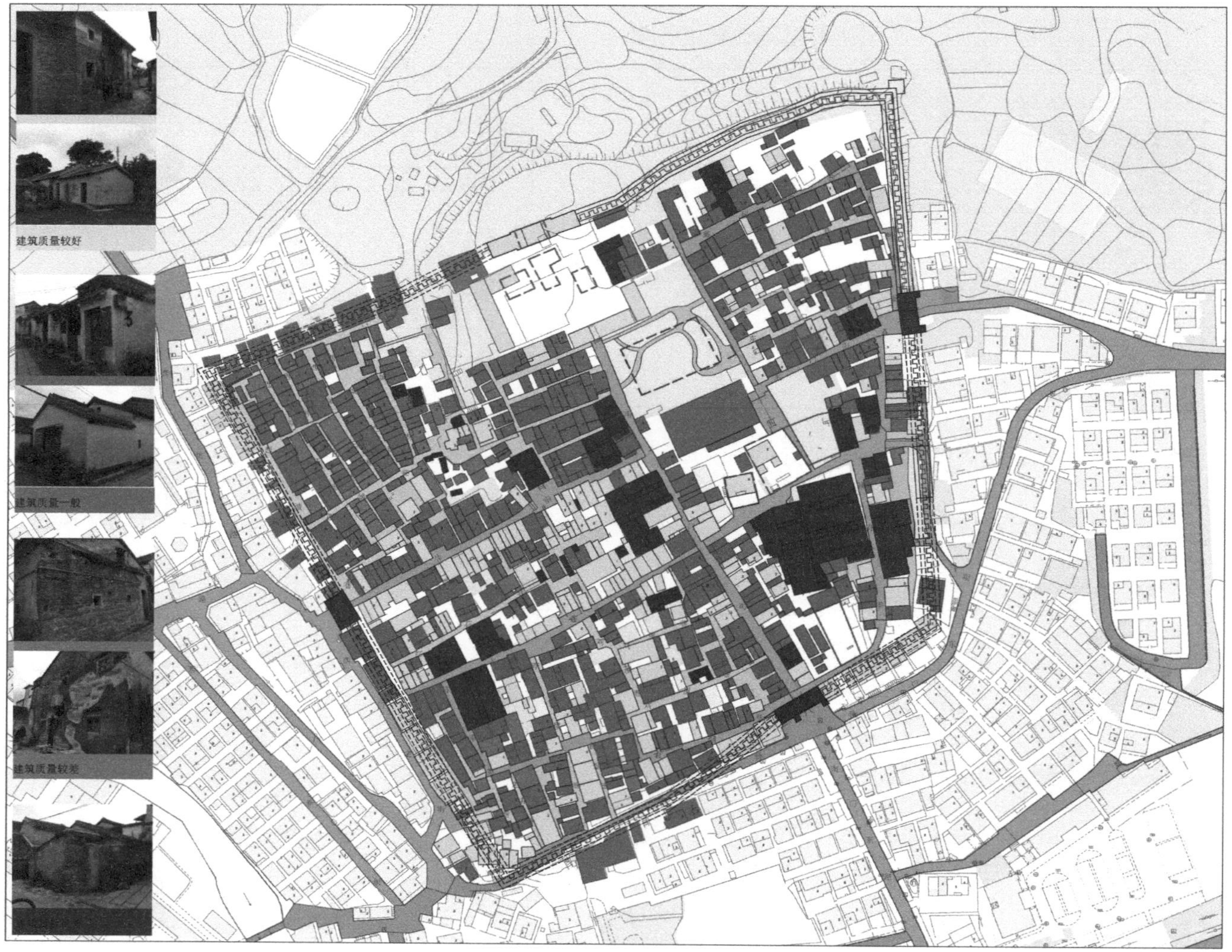

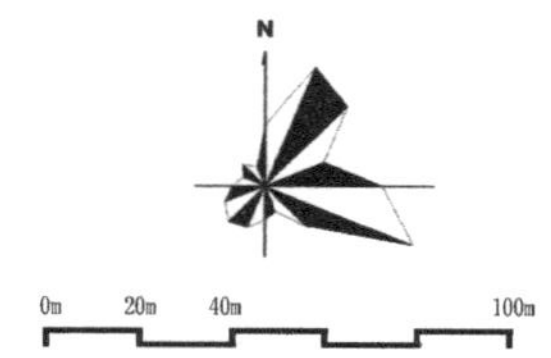

图例

21 处全国重点文物建筑

重点建筑不可移动文物建筑

未定级一般的建筑

质量较好的建筑

质量一般的建筑

质量较较差的建筑

质量很差的建筑

根据大鹏所城建筑的保存现状情况将城内建筑按照建筑质量分为四类，分别是质量较好的建筑、质量一般的建筑、质量较差的建筑和质量很差的建筑。

建筑质量分析图

图例

21 处全国重点文物建筑
重点建筑遗址
未定级不可移动文物建筑
一层建筑
二层建筑
三层建筑
四层建筑

通过对大鹏所城所有建筑的现状勘察数据显示，所城内建筑基本为一到二层，三层建筑较少，个别建筑为四层建筑。

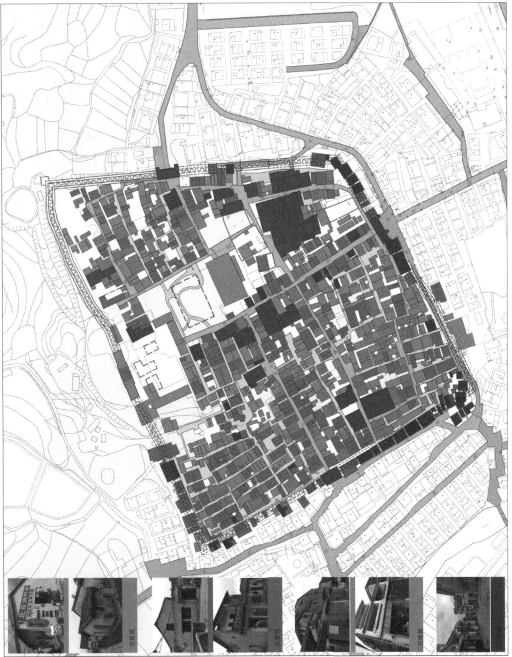

建筑层数分析图

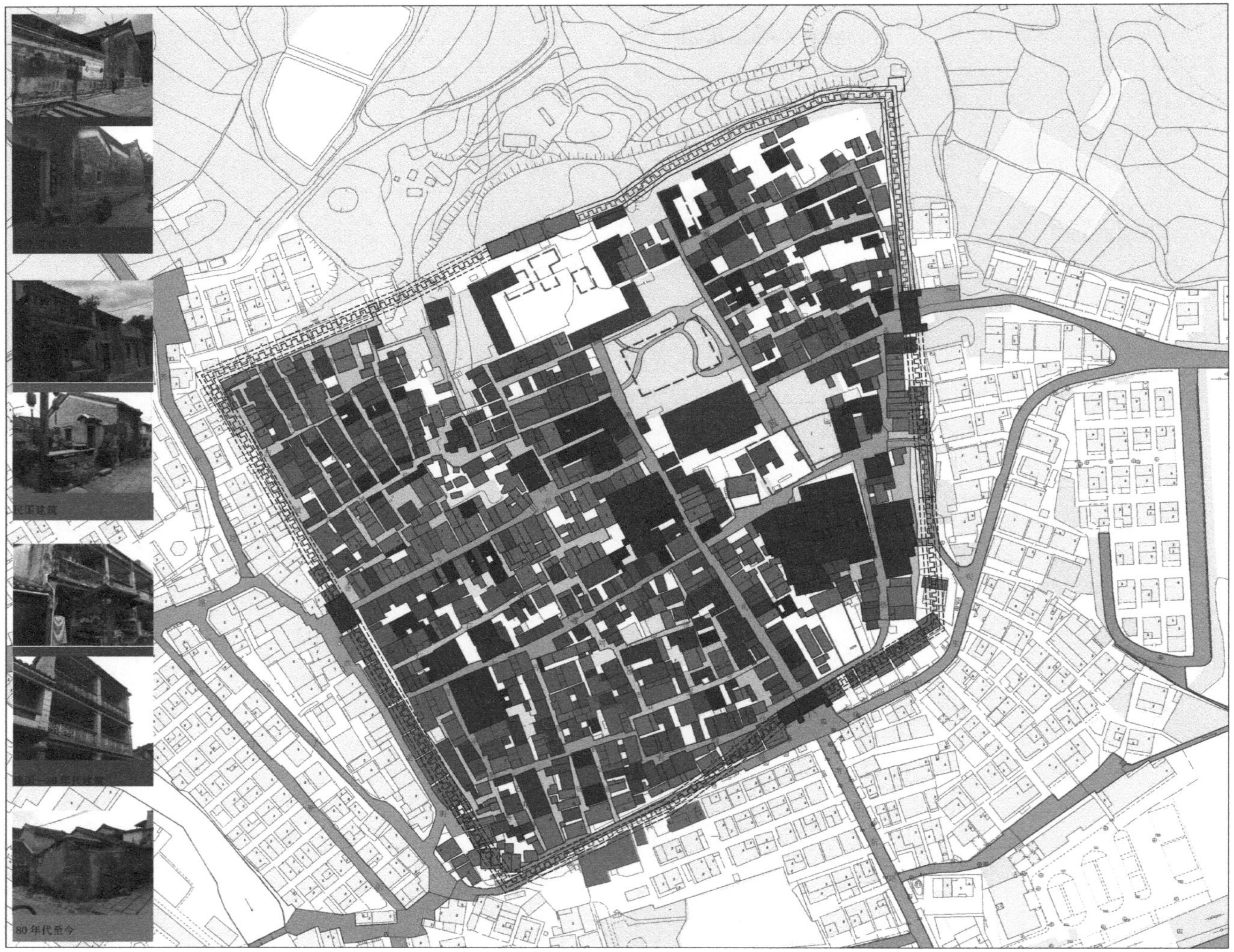
民国建筑
80 年代至今

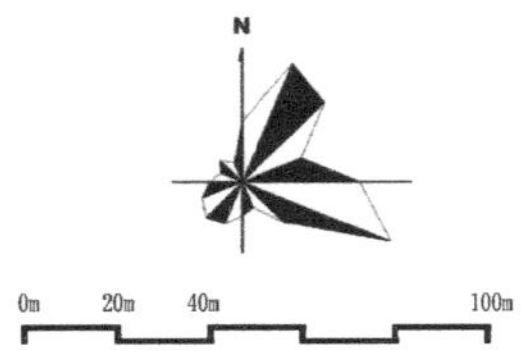
N
0m
20m
40m
100m
图例
21 处全国重点文物建筑
重点建筑遗址
未定级不可移动文物建筑
晚清建筑
民国建筑
建国到 80 年代的建筑
80 年代至今的建筑

通过对大鹏所城建筑的现状勘察，结合建筑工艺、材质、结构形式以及历次修缮记录和其他相关档案资料，所城内建筑年代跨度较长，建筑的建造时间概分为晚清、民国、建国到 80 年代以及 80 年代至今。

建筑年代分析图

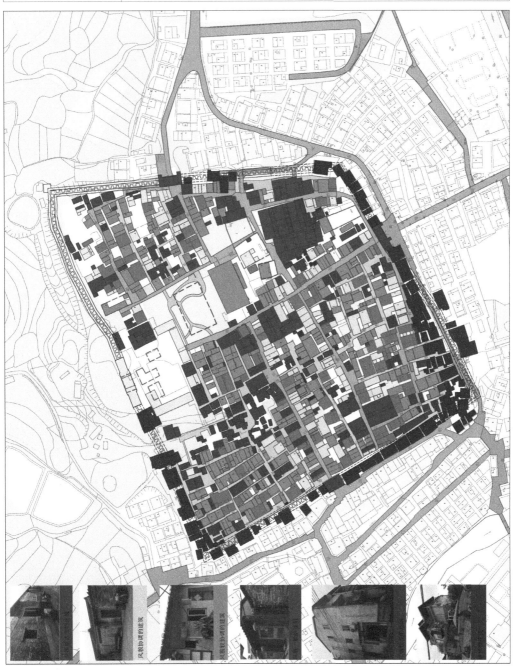

图例

21 处全国重点文物建筑

重点建筑建设遗址

未定级不可移动文物建筑

风貌协调的建筑

风貌较协调的建筑

风貌一般的建筑

风貌较差的建筑

破坏性建筑

建筑风貌协调性分析图

根据大鹏所城所城建筑的保存现状情况以及建造工艺材质将城内建筑按照风貌分为五类。风貌协调的建筑、风貌较协调的建筑、风貌一般的建筑、风貌较差的建筑、破坏性建筑。

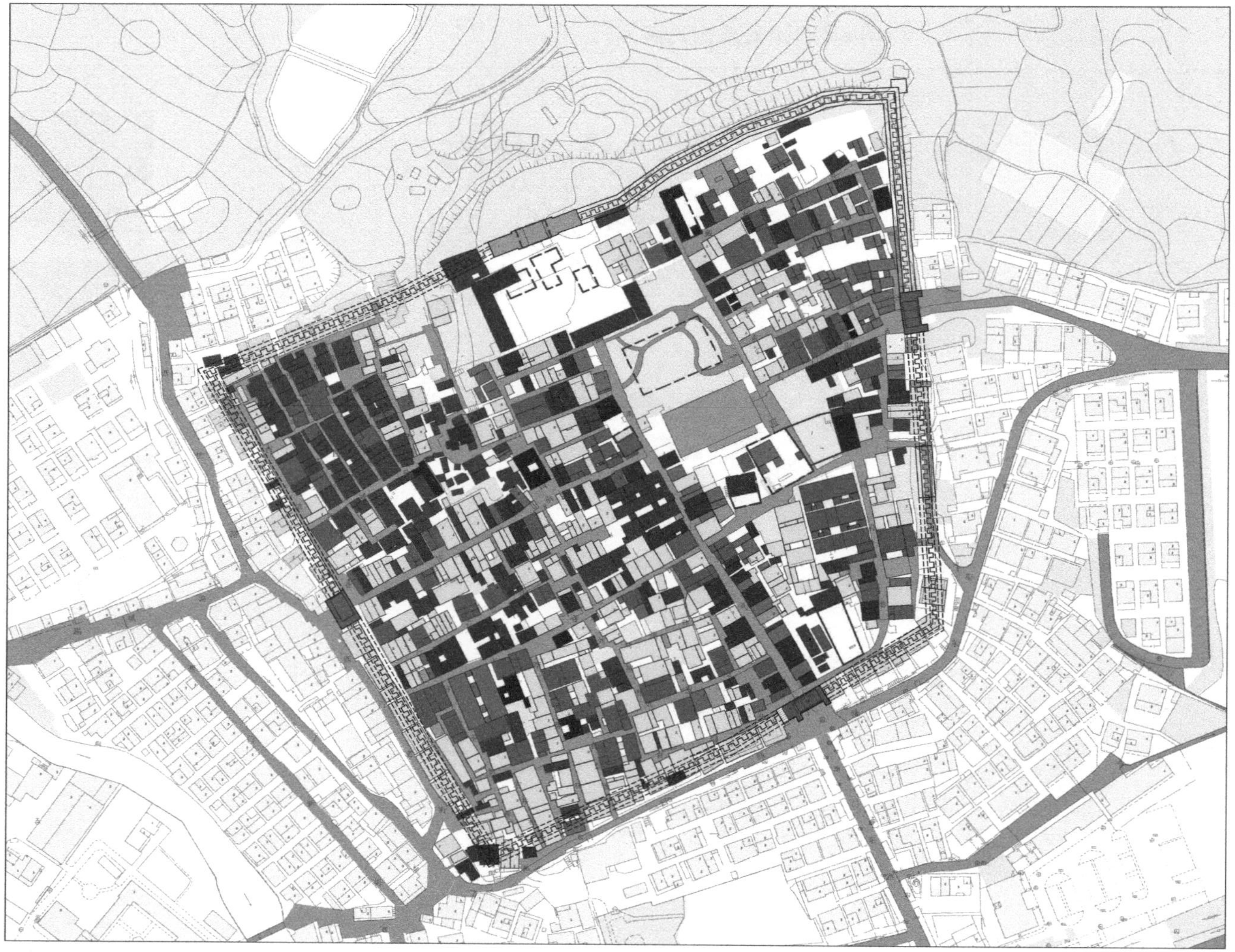

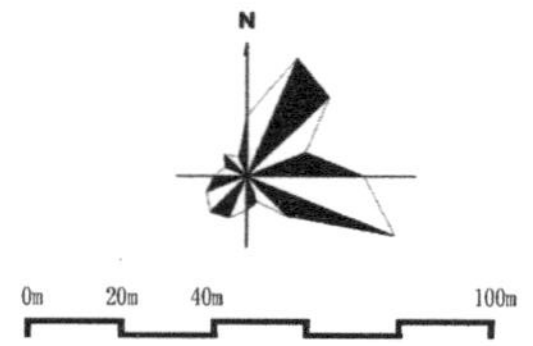

图例

- 21处全国重点文物建筑
- 未定级不可移动文物建筑
- 公共建筑
- 宗教、祭祀建筑
- 居住建筑
- 商铺建筑
- 餐饮建筑
- 闲置建筑

根据对大鹏所城内建筑业态形式的调研结果，城内建筑功能概分为五类，公共建筑、宗教、祭祀建筑、商铺建筑、餐饮建筑以及闲置建筑。

建筑功能现状图

建筑价值分析图

价值一般的建筑。此类建筑具备一定的历史、科学、艺术价值，并能反映所处一定时期的历史特色，与古城风貌协调性较好。

不具备价值的建筑。此类建筑无区域建筑特色，仅在体量、形式、建筑外立面色彩上与所处传统风貌基本一致。

破坏性建筑。此类建筑为破坏古城格局的建筑，大多是80年代后建设比。

图例

已进行保护展示的遗址

未进行保护展示的遗址

21处全国重点文物保护建筑

未定级不可移动文物建筑

价值一般的建筑

不具备价值的建筑

破坏性建筑

0m 20m 40m 100m

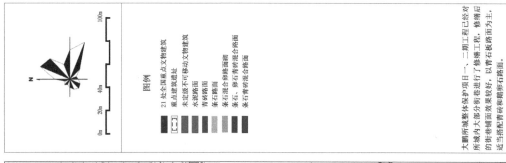

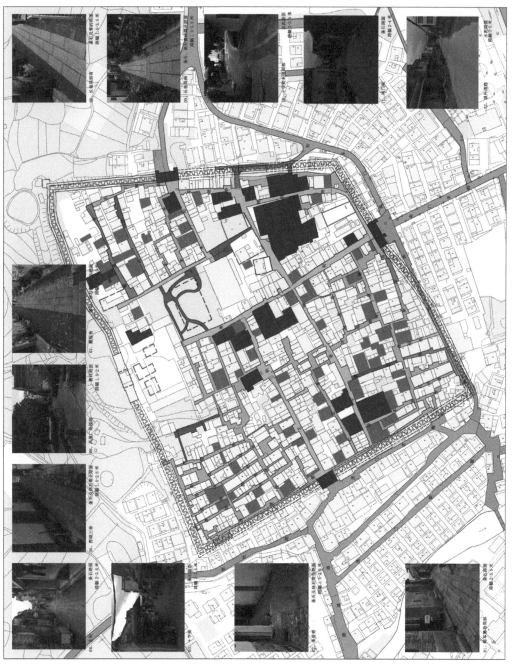

街巷现状分析图

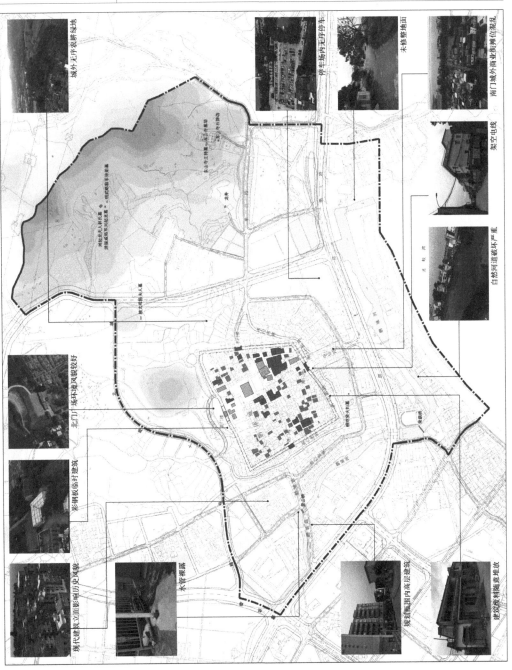

周边环境评估图（城外）

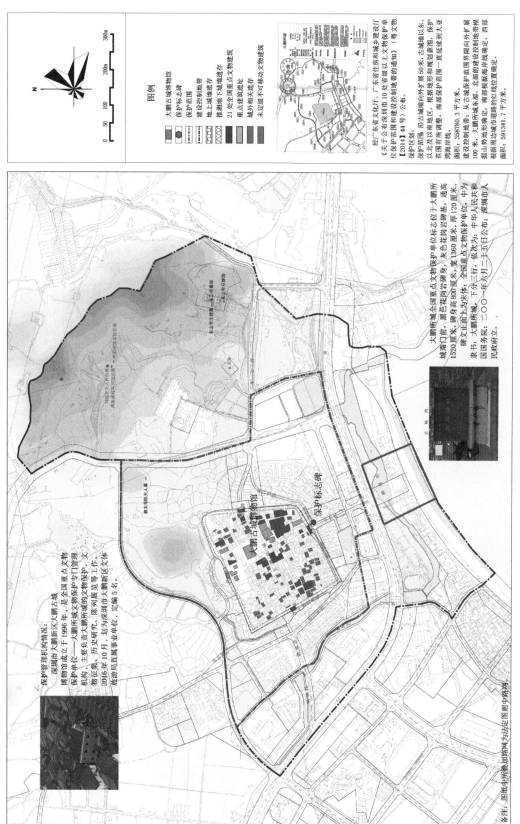

现行区划及管理现状图

经广东省文化厅、广东省住房和城乡建设厅、保护范围和建设控制地带的通知》（粤文物位省级以上文物保护单《关于公布深圳市10处省级以上文物保护单[2014]44号）公布。

保护区划：
保护范围：沿古城墙向外扩展50米。古城墙以东、古城墙以北及以南地区，根据地形和规划意图，保护范围有所调整。南部保护范围一直延续到大亚湾海岸线。
面积：358780.3平方米。
建设控制地带：从古城保护范围界限向外扩展100米。大鹏所城，北部根据建设控制地带根据山势地形确定，南部根据海岸线的红线位置确定。
面积：591341.7平方米。

大鹏所城全国重点文物保护单位标志碑立于大鹏所城南门前。黑色花岗岩碑身，灰色花岗岩碑座。通高1520厘米。碑身高800厘米，宽1360厘米，厚120厘米，中为全国重点文物保护单位：全国重点文物保护单位，下分三行，上为碑身，下分三行，依次为：中华人民共和国国务院，二〇〇一年六月二十五日公布，深圳市人民政府立。

保护标志碑

保护管理机构情况：
深圳市大鹏新区大鹏古城博物馆成立于1996年，是全国重点文物保护单位——大鹏所城文物保护专门管理机构，主要负责大鹏所城的文物保护、文物征集、历史研究、陈列展览等工作。2016年10月，划为深圳市大鹏新区文体旅游局直属事业单位，定编5名。

备注：图纸中所添加路网为法定图则中路网。

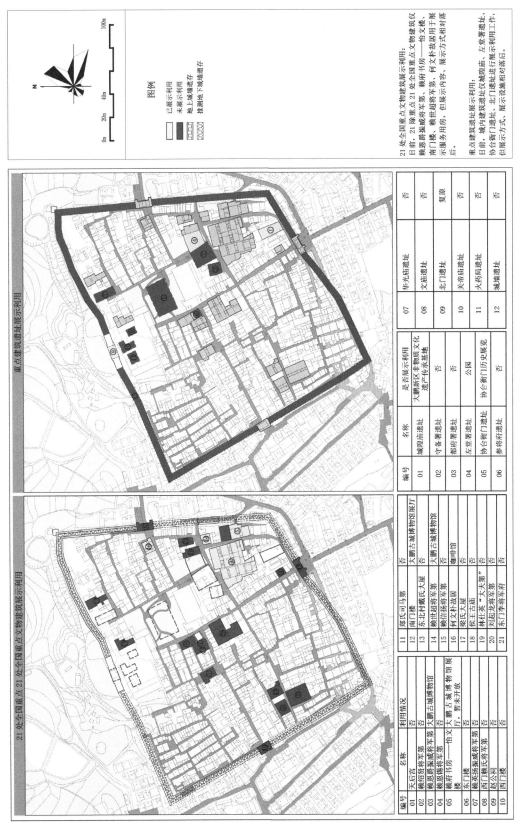

图例
- 已展示利用
- 未展示利用
- 地上城墙遗存
- 推测地下城墙遗存

重点建筑遗址展示利用

21处全国重点21处全国重点文物建筑展示利用

编号	名称	利用情况
01	天后宫	否
02	赖绍贤将军第	否
03	赖恩爵振威将军第	大鹏古城博物馆
04	赖世超将军第	大鹏古城博物馆
05	赖信扬将军第	否
06	赖府书房——怡文楼	大鹏古城博物馆展厅，暂未开放
07	东门楼	否
08	赖恩扬振威将军第	否
09	趋公司	否
10	西门楼	否
11	郑氏司马第	否
12	南门楼	否
13	东北村戴氏大屋	否
14	赖世超将军第	大鹏古城博物馆
15	赖信扬将军第	否
16	何文故居	咖啡馆
17	梁氏大屋	否
18	侯王古庙	否
19	林仕英"大夫第"	否
20	刘起龙将军第	否
21	东门李将军府	否

编号	名称	是否展示利用	编号	名称	
01	城隍庙遗址	大鹏新区非物质文化遗产传承基地	07	华光庙遗址	否
02	守备署遗址	否	08	文庙遗址	复原
03	都府署遗址	否	09	北门遗址	否
04	左堂署遗址	公园	10	夫帝庙遗址	否
05	协台衙门遗址	协台衙门历史展览	11	火药局遗址	否
06	参将府遗址	否	12	城端遗址	否

21处全国重点文物建筑及建筑遗址展示利用现状图

21处全国重点文物建筑展示利用：
目前，21除重点21处全国重点文物建筑仅赖恩爵振威将军第、赖世超将军第、南门楼、赖恩爵振威将军第——怡文楼、何文朴故居用于展示服务用房，但展示内容、展示方式相对落后。

重点建筑遗址展示利用：
目前，城内建筑遗址仅城隍庙、左堂署遗址、北门遗址进行展示利用工作，协台衙门遗址、北门遗址进行展示利用工作，但展示方式、展示设施相对落后。

主要考古内容：

2008-2009年考古钻探 主要在中轴线所在的刘屋巷与墙体，两侧及全城中轴线所在的刘屋巷两个区域展开。实际总钻探面积17184.8㎡。

2008-2009年考古发掘。城隍庙、西城墙外博物馆宿舍至税铺厂之间的巷道以及原鹏城小学校外平台三个区域，总发掘面积556㎡。

2010-2011年考古工作在城隍庙和城墙东北角两个区域展开，总揭露面积约675㎡。

重要发现：

大鹏所城唯一保存下来的拐角为直角，确定北城门的存在；

发现了一些北门城门楼的逝现象，但城护濠的外界依然界不清准；

在较岸侧发现有城护濠沟，同时证明史料记载大鹏所城始建于明初是真实可靠的；

大鹏所城的城端（甚至个别马第、赖英场次修建而成，可能存在至少二至三次大规模重建与改造；

确定大鹏所城可能以郑氏司马第、赖英场军第及刘起龙将军第为南北中轴线进行整体布局，基本沿用了隋唐以来都城建筑以"中轴线"为中心的城市功能规划分模式。

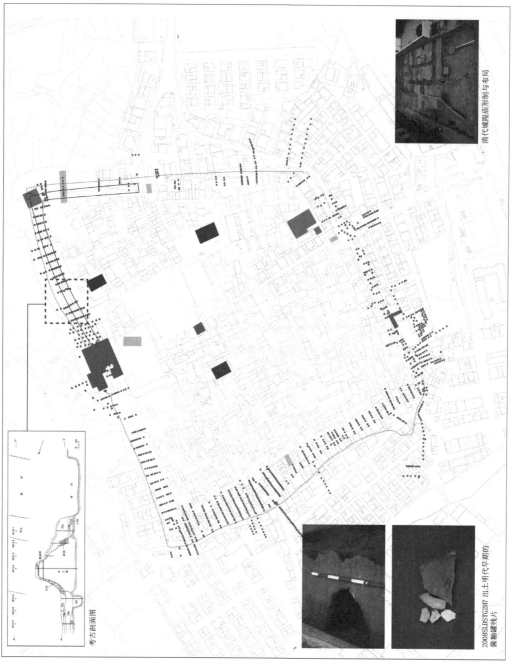

考古研究现状图

清代城隍庙形制与布局

2008SLDSTC2H7 出土明代早期的酱釉罐残片

考古剖面图

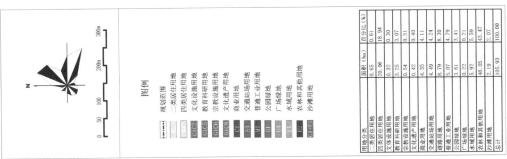

用地分类	面积（ha）	百分比（%）
二类居住用地	0.65	0.61
四类居住用地	20.06	18.94
文化设施用地	0.32	0.30
教育科研用地	3.25	3.07
宗教设施用地	0.54	0.51
文化遗产用地	0.42	0.40
商业用地	4.35	4.11
交通站场用地	4.49	4.24
道路用地	8.79	8.30
普通工业用地	5.07	4.79
公园绿地	3.61	3.41
广场绿地	0.22	0.21
水域用地	5.92	5.59
农林和其他用地	46.05	43.47
沙滩用地	2.19	2.07
总计	105.93	100.00

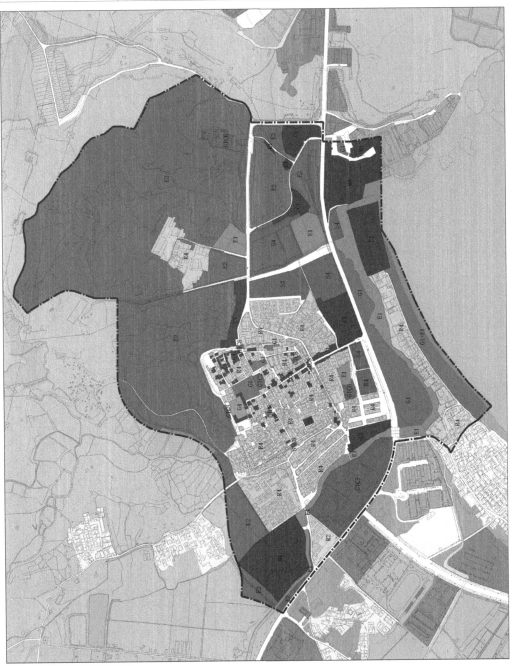

土地利用现状图

图例

I区
II区
III区
IV区
V区
VI区

城内建筑分区图

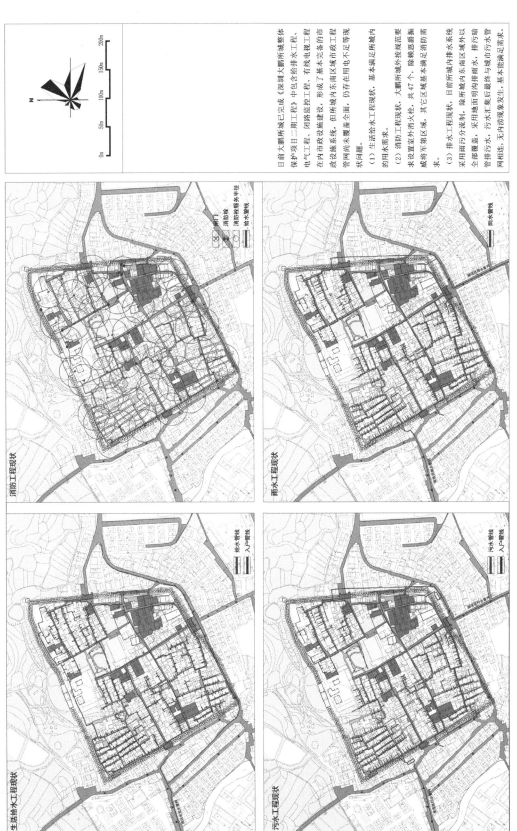

目前大鹏所城已完成《深圳大鹏所城整体保护项目二期工程》中包含排水工程、电气工程、闲路监控工程、有线电视工程在内市政设施建设，形成了基本完备的市政设施系统，但所城内东南区域市政工程管网尚未覆盖全面，仍存在用电不足等现状问题。

（1）生活给水工程现状，基本满足所城内的用水需求。

（2）消防工程现状，大鹏所城内按规范要求设置室外消火栓，共47个，除赖恩爵振威将军第区域，其它区域基本满足消防需求。

（3）排水工程现状，目前所城内排水系统采用雨污分流制，除所城内东南区域外以全部覆盖。采用地面明沟排雨水、排污喷管排污水。污水汇集后最终与城市污水管网相连，无内涝现象发生，基本能满足需求。

消防工程现状
闸门　消防栓　消防栓服务半径　给水管线

雨水工程现状
雨水管线

生活给水工程现状
给水管线　入户管线

污水工程现状
污水管线　入户管线

生活给水／消防／污水／雨水工程现状图

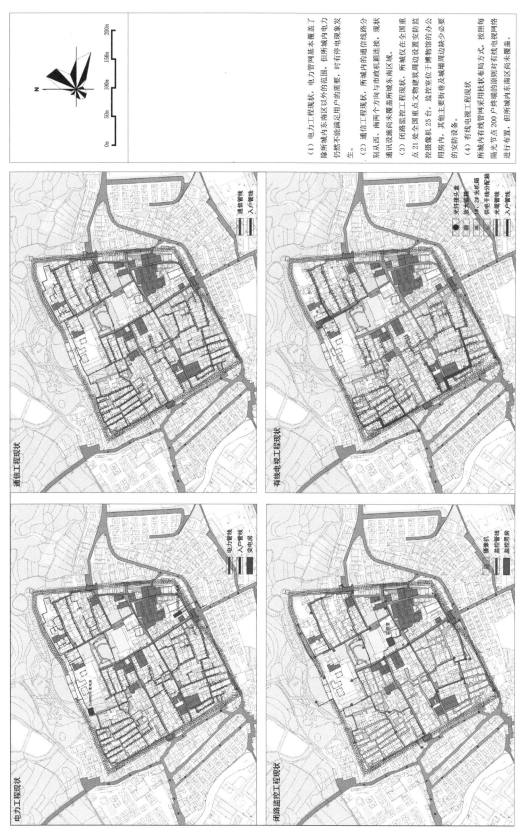

（1）电力工程现状。电力管网基本覆盖了除所城内东南区以外的范围，但所城内电力仍然不能满足用户的需要，时有停电现象发生。

（2）通信工程现状。所城内的通信线路分别从西、南两个方向与市政所城东南区域。通讯设施尚未覆盖所城东南区域。

（3）闭路监控工程现状。所城仅在设置安防监控摄像机25台，监控室位于博物馆的办公用房内。其他主要街巷及城墙周边缺少必要的安防设备。

（4）有线电视工程现状。所城内有线管网采用枝状布局方式，按照每隔光缆节点200户终端的原则对有线电视网络进行布置。但所城内东南区尚未覆盖。

电力／通信／闭路监控／有线电视工程现状图

规
划
篇

第一章 规划条文

第一节 规划原则、目标与基本策略

一、规划原则

（一）坚持不改变文物原状的原则

保存与遗产相关的全部历史信息的真实性与完整性。

（二）坚持整体保护与可持续发展的原则

保护文物建筑及相关遗存所处的历史环境，保护和延续地方传统的生产、生活方式。

（三）坚持文物保护与社会效益统筹兼顾的原则

对于文物古迹的利用坚持以社会效益为准则，在不损害文物古迹的基础上充分展示文物价值。

二、规划目标

对于大鹏所城及相关遗存、历史环境提出切实可行的保护措施，建立完善的管理和展示利用体系，保护大鹏所城全部价值载体的真实性、完整性，保障文物保护工作长期科学、合理地进行，将大鹏所城建设成为符合国际遗产保护及国内文物古迹保护规范的文物保护单位。

结合片区整体规划，保护和保持当地传统风貌，改善居民生活环境。通过对文物价值的合理利用在推动地方经济、文化发展等方面发挥积极作用。

三、规划基本策略

加强考古研究，科学支撑，推进文化遗产与古城格局的整体保护。

保护规划引领，协调冲突，推动区域相关专项规划实施顺畅开展。

加强综合管理，融合发展，广泛开展"文化遗产+"跨行业合作。

结合城镇改造，统一协作，提升古城及周边文物环境的全面和谐。

改善基础设施，完善硬件，保障古城正常运行及承载力有效控制。

引入高端业态，活化古城，促进文化遗产保护与利用的协调发展。

打造优质品牌，提升影响，树立行业遗产保护与活化的成功典范。

传承文化记忆，重塑生活，加强民族凝聚力及提升民族文化自信。

四、规划重点

1. 制定合理的保护区划，保护大鹏所城的安全性与完整性。

2. 明确大鹏所城保护区划范围内控制管理要求，协调所城保护利用与区域发展的关系，扩大所城的文化影响力。

3. 保护大鹏所城历史环境及与所城相关的各类环境要素，维护并修复所城历史景观环境。

4. 建立起大鹏所城与周边遗存的日常管理与保养制度，完善管理机构的人员配备，提倡全民参与所城文物保护与管理。

5. 加强遗址相关的考古与研究工作，在此基础上扩展与优化展示利用活动。

6. 确定展示主题，丰富展示内容、展示形式，完善配套设施。

第二节　保护区划

一、保护区划

（一）划分依据

1. 保护范围

保护范围从保护的完整性、安全性及保护管理工作的可操作性出发，包含所城内的 21 处全国重点文物建筑、重点建筑遗址、历史街巷。

2. 一类建设控制地带划定依据

控制文物周边环境，维护文物完整性、安全性；保护大鹏所城背山面海的历史格局、河道；控制好所城的南北视线通廊，突出南北轴线；兼顾保护、管理工作的可操作性。

3. 二类建设控制地带划定依据

保护大鹏所城不受周边城市建设的影响，并同时为城市的建设发展提供余地和建设依据。

（二）保护区划调整说明

1. 保护范围调整说明

（1）调整内容

保护范围面积由原来的 35.88 公顷缩小至 5.55 公顷，其范围从原先的涵盖所城范围、城外相关遗存、周边村镇调整至包含 21 处全国重点文物建筑、历史街巷、重点建筑遗址（1 处城墙遗址和 11 处建筑遗址）。

（2）调整理由

① 2014 年公布的保护区划依据中国城市规划设计研究院在 2004 年 7 月编制的《深圳市大鹏所城保护规划》（2004—2020）中的保护区划划定，划定时间相对较早，然而

近年来伴随着粤港澳大湾区建设以及深圳东进战略推进，大鹏所城周边的建设已经发生巨大的变化，原保护范围已不能对所城进行更加科学合理的管控。

②原保护范围将与大鹏所城文物本体无关的内容一并纳入，导致保护范围面积过大，阻碍周边村镇的发展；同时随着以大鹏所城为首的明清海防申遗工作及所城活化利用工作的开展，过大的保护范围，也增加了该范围内相关文化配套设施、服务设施、基础设施等工程的建设和审批难度。

2. 建设控制地带调整说明

（1）调整内容

建设控制地带面积由原来的 59.13 公顷扩大至 100.38 公顷，其东边界、南边界和北边界基本与原建设控制地带边界基本相同，根据山石地形、海岸线以及规划道路划定，西边界根据鹏飞路和鹏坝路最新道路红线划定。

（2）调整理由

原建设控制地带边界为参照 2006 年《深圳市龙岗 402-03 号片区［大鹏鹏城地区］法定图则》中规划的道路红线划定，但由于法定图则用地及道路红线尚未落实，以及交通局对鹏飞路、鹏坝路、核电应急通道等道路红线的调整工作的开展，原建设控制地带已经不具备实际的可实施性和可操作性。

（三）区划划分

依据《中华人民共和国文物保护法》，本规划保护区划分为保护范围和建设控制地带，其中建设控制地带又分为：一类建设控制地带、二类建设控制地带。保护范围面积 5.55 公顷，占 5.24%；一类建设控制地带面积 80.73 公顷，二类建设控制地带面积 19.65 公顷，共占 94.76%。

（四）保护范围

大鹏所城城内保护范围，包括 21 处全国重点文物建筑、重点建筑遗址、历史街巷。面积：5.55 公顷。

1. 全国重点文物建筑保护范围

全国重点文物建筑本体保护范围，面积：0.70 公顷。

2. 历史街巷

正街、红花巷、十字街、南门街、戴屋巷、东门街、东城巷、赖府巷的街巷为保护范围，面积：1.20 公顷。

3. 重点建筑遗址保护范围

（1）城墙遗址保护范围

沿城墙墙基向外扩 20 米（其中南边界和西边界以规划环形道路内侧路缘线为边界），向内扩 6 米，所形成的区域为保护范围，面积：3.29 公顷。

（2）11 处建筑遗址保护范围

11 处建筑遗址为保护范围，面积：0.36 公顷。

（五）建设控制地带

1. 一类建设控制地带

（1）大鹏所城内片区一类建设控制地带

除所城内保护范围以外所有区域，面积：5.71 公顷。

（2）大鹏所城外片区一类建设控制地带

东至：东山山脊线与规划道路的连接线，即东门楼外约 600 米处。

南至：海岸线。

西至：鹏飞路道路中心线。

北至：规划城北路十号路道路中心线。

面积：75.02 公顷。

2. 二类建设控制地带

（1）大鹏所城东南侧二类建设控制地带

东至：核电应急通道道路中心线。

南至：鹏飞路道路中心线。

西至：大鹏所城南北向轴线向东扩 90 米。

北至：规划一号路道路中心线。

面积：2.11 公顷。

（2）二类建设控制地带面积：17.54 公顷

①鹏城河以北

东至：规划一号路道路中心线。

南至：鹏城河河岸。

西至：鹏城河河岸向东外扩 5 米处。

北至：规划城北路十号路道路中心线。

面积：9.69 公顷。

②鹏城河以南

东至：大鹏所城南北向轴线向西扩 50 米处。

南至：海岸线。

西至：规划四号路道路中心线。

北至：鹏城河河岸。

面积：3.87 公顷。

③鹏城河以西

东至：鹏城河河岸向西外扩 5 米处。

南至：鹏飞路道路中心线。

西至：鹏飞路道路中心线。

北至：规划西门路道路中心线。

面积：3.98 公顷。

二、大鹏所城历次保护区划对比研究

	《广东省文化厅、省住房和城乡建设厅关于公布深圳市10处省级以上文物保护单位保护范围和建设控制地带的通知》（粤文物〔2014〕44号）	东南大学建筑设计研究院《全国重点文物保护单位深圳市大鹏所城保护规划》（2006年）	清华同衡规划设计研究院《深圳大鹏所城文物保护规划》（2018年）
规划名称			
历次编制过程			
审批结果	2014年公布，为现行保护区划。	国家文物局批复，省政府尚未公布实施。	已与地方沟通，但尚未报批。
区划依据	保护范围：包含古城周边相关遗存（赖恩爵夫妇墓、东山寺）并保护南侧向海轴线，东侧、西侧、北侧均沿现状道路划定，南至海岸。建设控制地带：控制东侧住居用地和文化旅游服务区，西侧鹏城村居住用地和文化旅游服务区，南部控制范围至到海岸线。	重点保护范围：所城内一类建筑分布现状，所城内"两横一纵"道路格局的保存完好部分。一般保护范围：所城格局的完整性和文物建筑保存的安全性，遗址遗迹所在地段以及为古发掘预留地带，所城内二类建筑分布现状。一类建设控制地带：所城相关历史环境与风水格局的完整性。保护东北校场、墓葬群、龙井、西南校场及荣茵街等相关历史遗迹。二类建设控制地带：控制整体环境风貌的协调性。古城环境协调区：为了与所城历史文化名村保护规划的环境协调区相衔接，本规划在建设控制地带之外作出环境协调区的规划建议。规划区内建设控制范围即外周边协调用地即为古城环境协调区范围。	保护范围：以城内21处全国重点文物建筑、历史街巷、重点建筑遗址的分布划定了保护范围。一类建设控制地带：保护所城"背山面海"的历史格局，要严格保护所城南北两侧景观通廊，将所城南北两侧划定为一类建设控制地带。二类建设控制地带：保护所城周边不受建设发展的影响，并同时为城市的建设发展提供余地和建设依据。

续表

范围面积	保护范围面积 35.88公顷 建设控制地带面积 59.13公顷 规划面积 95.01公顷 — —	保护范围面积 45.90公顷 一类建设控制地带面积 14.60公顷 二类建设控制地带面积 48.82公顷 建设控制地带面积 63.42公顷 规划面积 109.32公顷	保护范围面积 5.55公顷 一类建设控制地带面积 80.73公顷 二类建设控制地带面积 19.65公顷 建设控制地带面积 100.38公顷 规划面积 105.93公顷
区划主要问题	未充分结合所城未来发展利用考虑区划的划定，保护范围过大，不具备可实施性与可操作性。	过度扩大保护范围，将所城周边村镇划为保护范围，严重阻碍大鹏所城发展，不具备可实施性与可操作性；风貌协调区、不具备法律控制力，且未纳入规划范围。 备注：本规划尚未将风貌协调区纳入规划范围。	充分结合文物分布范围及历史格局划定保护范围。
区划调整内容	—	优势：细化建设控制地带，对建设控制地带进行分级细分，充分考虑对城外山体、相关遗存单独划定建控，考虑了周边景观与相关遗存。	充分考虑"背山面海"的历史环境格局，划定一类建设控制地带，保护景观通廊。充分考虑大鹏所城现有活化利用的提升以及未来申遗后的发展，并结合周边用地、村庄发展将建设控制地带分级控制地带划定为二类建设控制地带。

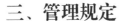

三、管理规定

（一）保护区划统一管理规定

本规划划定的保护范围与建设控制地带按照《中华人民共和国文物保护法》及相关法律、法规、文件执行管理，具体要求须结合遗址的实际保存情况和保护管理要求制定。

本规划经批准后，有关保护区划、管理规定和主要保护措施应作为强制性内容纳入《深圳市城市总体规划》和其他相关保护规划中。

本规划经批准后，有关保护区划、管理规定等强制性内容，如需变更，必须按照《全国重点文物保护单位保护规划编制审批办法》的规定程序办理。

保护范围和建设控制地带内的考古发掘、保护工程、建设工程等项目必须遵守《中华人民共和国文物保护法》等有关法律法规的规定，并按法定程序办理报批审定手续。

在文物保护单位的保护范围和建设控制地带内，不得建设污染文物保护单位及其环境的设施，不得进行可能影响文物保护单位安全及其环境的活动。对已有的污染文物保护单位及其环境的设施，应当限期治理。

本区划内涉及的基本农田，应参照《中华人民共和国农业法基本农田保护条例》的相关管理规定执行。

本规划内涉及的展示利用应以宣传大鹏所城文化以及明清海防文化为主，不宜过度商业化，并鼓励原住民参与。

（二）保护范围管理规定

保护范围内为禁止建设区，不得进行与文物保护无关的建设工程或者爆破、钻探、挖掘等作业。因特殊情况需要进行其他建设工程或者爆破、钻探、挖掘等作业的，必须在充分保障21处全国重点文物建筑安全的前提下，报经广东省人民政府批准，在批准前应当征得国家文物局同意。

保护范围内仅可对21处全国重点文物建筑修缮和整治，禁止进行改建和扩建；在进行修缮和整治时，应采用原材料、原工艺，严禁改变建筑外观、形制、内部结构和装饰。

严格保护文物建筑所在院落，原则上不得对院落的边界、出入口位置、院墙形式进行更改。

21处全国重点文物建筑内部禁止进行与展示文物价值、传播相关文化无关的内容。

拆除占压城墙遗址的建筑，禁止对城墙遗址进行大规模复建。城墙和城壕的展示应以原状展示、模拟展示、标识展示等方式为主，在有充分考古依据的前提下，可局部进行复原展示工程。

局部拆除占压重点建筑遗址的建（构）筑物，并恢复成绿地，禁止在遗址区挖沙取土、倾倒垃圾、新建建筑，为后期全面考古创造条件。

严格保护范围内街巷，包括其走向、尺度等；恢复历史街巷的传统铺装形式。

（三）建设控制地带管理规定

1. 大鹏所城建设控制地带管理通则

本区域内不得建设污染所城及其环境的设施，对已造成危及文物安全及影响环境的设施，应当限期治理。

本区域内不得进行任何有损所城景观和谐性的建设活动，不得建设大型旅游和娱乐设施。

本区域内涉及建（构）筑物的新建、扩建及必要性基础设施的建设工程，不得破坏所城的整体性与和谐性；工程设计方案须征得国家文物局同意后，报当地城乡建设规划部门批准。

保护本区域内的传统民居建筑，禁止进行拆除、扩建。

本区域内屋顶形式应以坡屋顶为主，建筑材料需选用青砖、灰瓦、木材等传统材料，不宜使用瓷砖、铝合金等现代材料。建筑颜色应以所城传统的灰、白色调为主，应尽量避免使用跳出所城传统色调的色彩。

海岸地带工程选址应在保证生态安全的前提下，充分考虑潮汐、波浪、防灾减灾等海洋因素；工程建设期间需要采取有效措施避免污染物扩散，实施海洋生态修复及补偿机制。

2. 大鹏所城内一类建设控制地带管理规定

大鹏所城内一类建设控制地带为禁止建设区，本区域内不得新建、扩建建（构）筑物，基础设施和公共服务设施应利用城内现有建筑进行改造。

（1）建筑修缮、整治管理规定

① 73处未定级不可移动文物建筑

——禁止新建和扩建，在进行修缮和整治时，应尽量采用原材料、原工艺，严禁改变建筑外观、形制、内部结构；严格保护文物建筑所在院落，禁止对院落的边界、出入口位置、院墙形式进行更改。

——可适当调整使用功能，禁止用于餐饮、娱乐、机械化生产、制造等用途。

②改善类建筑（价值一般的建筑）

——对建筑整体进行保留，对不协调的现代因素进行改善，最大限度延续传统建筑的建筑形制与建筑风貌，以建筑现有做法为主要的修复手法，适当运用新材料、新工艺，同时可对内部格局进行适当调整。

——禁止用于餐饮、生产、制造等业态形式。

③改造类建筑（不具备价值的建筑）

——对建筑本身与古城整体风貌造成较大冲突的部分进行整治改造，使之与传统风貌协调，同时可对内部格局进行改造调整。

——在保证建筑结构安全性的前提下，可根据具体的利用方式对室内地面、墙体、梁柱等部位进行合理改造。

——禁止用于生产、制造等业态形式。

④拆除类建筑（破坏性建筑）

——对破坏性建筑进行拆除，对有条件恢复历史格局的进行复建，或开辟为绿化及开敞空间。

（2）道路、铺装管理规定

严格控制范围内街巷尺度、采用传统街巷的铺装形式，保持所城的地方特色。

3. 大鹏所城城外一类建设控制地带管理规定

大鹏所城外一类建设控制地带为限制建设区：

（1）城外相关遗存修缮及整治管理规定

——允许根据实际情况对城外的相关遗存进行修缮及整治。禁止改变建筑的外观、高度、色彩、材质，保护相关遗存的完整性和真实性。

（2）建筑整治管理规定

——对影响风貌的建筑进行整治改造或拆除再建。

（3）建筑高度管理规定

①南城墙区域（南城墙到海岸线之间的廊道区域）

——控制基本原则：保证在南门楼南侧的海岸观测城墙，其背景和轮廓不被城墙外侧的高层建筑或构筑物破坏。

——建筑高度控制要求分两个区域：其中距离南门楼 20—215 米区域建筑高度不得超过 6 米；距离南门楼 215—312 米区域为禁止建设区。

②其他区域

本区域内建筑檐口高度不得超过 3.5 米，建筑屋脊高度不得超过 6 米，建筑连续界面不得超过 20 米。

（4）自然山体、基本农田、河道管理规定

①自然山体

——区域内应保护山、水、田等自然环境与古城周边相关遗存的历史格局，禁止挖山、取土、采石、砍伐森林等破坏生态环境的行为。

——加强植被种植与保育，对已遭破坏的山体进行生态修复。

②基本农田

——严格执行《中华人民共和国农业法基本农田保护条例》的相关要求，保持农业景观特色，禁止在基本农田保护区内建房、建坟、挖山、采石、采矿、取土、堆放固体废弃物或者进行其他破坏基本农田的活动。

③河道

——实施河道疏浚、整治工程，禁止改变河道的总体走向、尽可能地维护河道的形态。

——禁止向鹏城河直接排污，应对污水进行处理净化，达到标准后，再进行排放，保证水质。

4. 大鹏所城二类建设控制地带管理规定

——本区域内的整治、更新应有计划、分阶段进行，不得大拆大建。

——村庄的整治、翻建和扩建在原址进行，扩建之后建设用地面积不能超过村庄现状建设用地面积的 120%。

——本区域内建筑檐口高度不得超过 6.5 米，建筑屋脊高度不得超过 9 米，建筑连续界面不得超过 30 米。

第三节　保护措施说明

一、文物建筑保护措施

（一）21 处全国重点文物建筑

结合大鹏所城 21 处全国重点文物建筑的现状保存情况，保护措施主要采取：保养维护工程、抢险加固工程、本体修缮工程、保护性设施建设工程、安全监测工程和环境整治工程。

1. 保养维护工程

建筑名称：赖绍贤将军第、赖恩爵振威将军第、赖恩锡将军第、赖英扬振威将军第、西门赖氏将军第、赵公祠、郑氏司马第、赖世超将军第、何文朴故居、梁氏大屋。

工作内容：清除地面、墙体青苔及杂草，清除不当修补部分。

2. 抢险加固工程

建筑名称：天后宫、侯王古庙。

工作内容：加固墙体影响结构安全的裂缝，支护、加固或更换安全隐患严重的梁架构件。天后宫近期采取结构加固，维护结构安全。

3. 本体修缮工程

建筑名称：天后宫、东门楼、西门楼、南门楼、东北村戴氏大屋、赖信扬将军第、林仕英"大夫第"、刘起龙将军第、东门李将军府。

工作内容：规整歪闪、坍塌、错乱的台基、梁架及屋面，清除不当的添加物。恢复文物建筑结构的稳定状态，修补损坏部分，添补主要的缺失建筑构件。清除地面垃圾，组织地面排水，清除原有铺装上的覆盖物，残损严重的部分更换地面铺装。天后宫进行原有传统建筑形制的研究后编制修缮方案，清除近现代结构形式，按大鹏所城传统形制进行恢复。

4. 保护性设施建设工程

建筑名称：东门楼、西门楼、南门楼。

工作内容：设置保护性栏杆。

5. 安全监测工程

建筑名称：21处全国重点文物建筑。

工作内容：无法通过保养维护消除的隐患，实行连续监测，记录、整理、分析监测数据，作为采取进一步保护措施的依据。

6. 环境整治工程

大鹏所城21处全国重点文物建筑保护具体措施见下表。

编号	原建筑编号	名称		保护措施
D1	IV-10	天后宫	措施	□保养维护工程　■抢险加固工程　■本体修缮工程　□保护性设施建设工程　■安全监测工程　□环境整治工程
			利用	展示提升
			管理	社区鹏城村移交管理权，由大鹏古城博物馆统一管理，由村内人员配合博物馆加强日常管理
			考古	落实考古发掘工作
			研究	加强天后宫历史研究，及与所城相关研究
D2	VI-107	赖绍贤将军第	措施	■保养维护工程　□抢险加固工程　□本体修缮工程　□保护性设施建设工程　■安全监测工程　□环境整治工程
			利用	开展对赖绍贤将军事迹的展览展示
			管理	个人移交管理权，由大鹏古城博物馆统一管理
			考古	一
			研究	加强对赖绍贤将军的历史研究，及与所城相关研究
D3	I-47	赖恩爵振威将军第	措施	■保养维护工程　□抢险加固工程　□本体修缮工程　□保护性设施建设工程　■安全监测工程　□环境整治工程
			利用	展示提升，加强对赖恩爵将军事迹的展览展示
			管理	大鹏古城博物馆加强管理
			考古	一
			研究	加强对赖恩爵将军的历史研究，及与所城相关研究
D4	I-4	赖恩锡将军第	措施	■保养维护工程　□抢险加固工程　□本体修缮工程　□保护性设施建设工程　■安全监测工程　□环境整治工程
			利用	开展对赖恩锡将军事迹的展览展示
			管理	个人移交管理权，由大鹏古城博物馆统一管理
			考古	一
			研究	加强对赖恩锡将军的历史研究，及与所城相关研究

续表

编号	原建筑编号	名称		保护措施
D5	I-42	赖府书房——恰文楼	措施	□保养维护工程　■抢险加固工程　□本体修缮工程　□保护性设施建设工程　■安全监测工程　□环境整治工程
			利用	恢复展厅功能，加强对赖府书房的历史展览展示
			管理	大鹏古城博物馆加强管理
			考古	—
			研究	加强对赖府书房——恰文楼的历史研究，及与所城相关研究
D6	I-62	东门楼	措施	□保养维护工程　□抢险加固工程　■本体修缮工程　■保护性设施建设工程　■安全监测工程　□环境整治工程
			利用	开放展示
			管理	根据产权情况移交管理权，由大鹏古城博物馆统一管理
			考古	—
			研究	加强对东门楼与所城的相关研究
D7	IV-3	赖英扬振威将军第	措施	■保养维护工程　□抢险加固工程　□本体修缮工程　□保护性设施建设工程　■安全监测工程　□环境整治工程
			利用	开展对赖英扬将军事迹的展览展示
			管理	个人移交管理权，由大鹏古城博物馆统一管理
			考古	—
			研究	加强对赖英扬将军的历史研究，及与所城相关研究
D8	V-20	西门赖氏将军第	措施	■保养维护工程　□抢险加固工程　□本体修缮工程　□保护性设施建设工程　■安全监测工程　□环境整治工程
			利用	开展对西门赖氏将军事迹的展览展示
			管理	个人移交管理权，由大鹏古城博物馆统一管理
			考古	—
			研究	加强对西门赖氏将军的历史研究，及与所城相关研究

续表

编号	原建筑编号	名称		保护措施
D9	IV-162、163	赵公祠	措施	■保养维护工程 □抢险加固工程 □本体修缮工程 □保护性设施建设工程 ■安全监测工程 □环境整治工程
			利用	恢复赵公祠祠堂
			管理	根据产权情况移交管理权，由大鹏古城博物馆统一管理
			考古	—
			研究	加强对赵公祠的历史研究，及与所城相关研究
D10	V-109	西门楼	措施	□保养维护工程 □抢险加固工程 ■本体修缮工程 ■保护性设施建设工程 ■安全监测工程 ■环境整治工程
			利用	开放展示
			管理	根据产权情况移交管理权，由大鹏古城博物馆统一管理
			考古	—
			研究	加强对西门楼与所城的相关研究
D11	IV-4	郑氏司马第	措施	■保养维护工程 □抢险加固工程 □本体修缮工程 □保护性设施建设工程 ■安全监测工程 □环境整治工程
			利用	开展对郑氏司马事迹的展览展示
			管理	个人移交管理权，由大鹏古城博物馆统一管理
			考古	—
			研究	加强对郑氏司马的历史研究，及与所城相关研究
D12	I-49	南门楼	措施	□保养维护工程 □抢险加固工程 ■本体修缮工程 ■保护性设施建设工程 ■安全监测工程 ■环境整治工程
			利用	展示提升
			管理	根据产权情况移交管理权，由大鹏古城博物馆统一管理
			考古	—
			研究	加强对南门楼与所城的相关研究

续表

编号	原建筑编号	名称		保护措施					
D13	III-99	东北村戴氏大屋	措施	□保养维护工程	□抢险加固工程	■本体修缮工程	□保护性设施建设工程	■安全监测工程	□环境整治工程
			利用	开展对东北村戴氏事迹的展览展示					
			管理	个人移交管理权，由大鹏古城博物馆统一管理					
			考古	——					
			研究	加强对东北村戴氏的历史研究，及与所城相关研究					
D14	I-47	赖世超将军第	措施	■保养维护工程	□抢险加固工程	□本体修缮工程	□保护性设施建设工程	■安全监测工程	□环境整治工程
			利用	开展对赖世超将军事迹的展览展示					
			管理	大鹏古城博物馆加强管理					
			考古	——					
			研究	加强对赖世超将军的历史研究，及与所城相关研究					
D15	I-44	赖信扬将军第	措施	□保养维护工程	□抢险加固工程	■本体修缮工程	□保护性设施建设工程	■安全监测工程	□环境整治工程
			利用	开展对赖信扬将军事迹的展览展示					
			管理	个人移交管理权，由大鹏古城博物馆统一管理					
			考古	——					
			研究	加强对赖信扬将军的历史研究，及与所城相关研究					
D16	III-2	何文朴故居	措施	■保养维护工程	□抢险加固工程	□本体修缮工程	□保护性设施建设工程	■安全监测工程	□环境整治工程
			利用	开展对何文朴事迹的展览展示					
			管理	个人移交管理权，由大鹏古城博物馆统一管理					
			考古	——					
			研究	加强对何文朴的历史研究，及与所城相关研究					

续表

编号	原建筑编号	名称		保护措施
D17	V-19	梁氏大屋	措施	■保养维护工程 □抢险加固工程 □本体修缮工程 □保护性设施建设工程 ■安全监测工程 □环境整治工程
			利用	开展对梁氏事迹的展览展示
			管理	个人移交管理权，由大鹏古城博物馆统一管理
			考古	—
			研究	加强对梁氏的历史研究，及与所城相关研究
D18	II-53	侯王古庙	措施	□保养维护工程 ■抢险加固工程 □本体修缮工程 □保护性设施建设工程 ■安全监测工程 □环境整治工程
			利用	恢复侯王古庙的历史功能
			管理	大鹏古城博物馆加强管理
			考古	—
			研究	加强对侯王古庙的历史研究，及与所城相关研究
D19	III-108	林仕英"大夫第"	措施	□保养维护工程 □抢险加固工程 ■本体修缮工程 □保护性设施建设工程 ■安全监测工程 □环境整治工程
			利用	开展林仕英大夫事迹的展览展示
			管理	个人移交管理权，由大鹏古城博物馆统一管理
			考古	—
			研究	加强对林仕英大夫的历史研究，及与所城相关研究
D20	V-98	刘起龙将军第	措施	□保养维护工程 □抢险加固工程 ■本体修缮工程 □保护性设施建设工程 ■安全监测工程 □环境整治工程
			利用	开展对刘起龙将军事迹的展览展示
			管理	个人移交管理权，由大鹏古城博物馆统一管理
			考古	—
			研究	加强对刘起龙将军的历史研究，及与所城相关研究

续表

编号	原建筑编号	名称	保护措施		
D21	II-51	东门李将军府	措施	□保养维护工程 □抢险加固工程 ■本体修缮工程 □保护性设施建设工程 ■安全监测工程 □环境整治工程	
			利用	开展对东门李将军事迹的展览展示	
			管理	个人移交管理权，由大鹏古城博物馆统一管理	
			考古	—	
			研究	加强对东门李将军的历史研究，及与所城相关研究	

（二）73处未定级不可移动文物建筑

结合73处未定级不可移动文物建筑的现状保存情况，主要针对屋面、木构架、墙体、基础等部位制定保护措施。

屋面：屋面除草，揭瓦补漏，补配脊筒、望兽和残缺的瓦件，修复屋脊、檐口等残损部分，甄别、去除今人修缮不当及后期搭建中有损原状的增添部分。

木基层：补配各类糟朽、垂弯的椽望；补配严重沤朽变形的构件。

大木构架：重点勘察有吊顶的建筑，逐一检查所有梁枋、瓜柱、檩条的保存状况，替换严重沤朽折断或严重劈裂的木构件；拨正歪闪、变形的构架。

小木构件：检修加固小木构件，补配缺失构件，更换无法继续使用的小木构件，清除无价值的近代添加物。

墙体：拆砌倾斜、严重开裂的砌体，铲除墙体水泥层或瓷砖，抽换或替补酥碱的条砖；拆砌近年砌筑的砌体（砖、石）。

基础：重新处理排水设施，挖除基础周围的松软土层，对开裂基础进行加固。

铺装：揭除室内和院面的现代铺装材料，重墁室内地面、院面。

院落：清除今人无序搭建建筑和构筑物设施，对已遭破坏的院落，恢复其原来院落格局；清除地面垃圾，组织地面排水，清除原有铺装上的覆盖物，残损严重的部分更换地面铺装；通过可靠的资料研究，按原样恢复院落中的绿化、花台等景观构件。

二、重点建筑遗址保护措施

编号	名称		保护措施					
Z1	城隍庙遗址	措施	□保养维护工程	□抢险加固工程	□本体修缮工程	■保护性设施建设工程	■安全监测工程	■环境整治工程
		利用	展示提升					
		管理	大鹏古城博物馆加强管理					
		考古	—					
		研究	加强对城隍庙的历史研究，对以后展示利用提供有力依据					
Z2	守备署遗址	措施	□保养维护工程	□抢险加固工程	□本体修缮工程	■保护性设施建设工程	■安全监测工程	□环境整治工程
		利用	增设标识牌					
		管理	大鹏古城博物馆统一管理					
		考古	开展考古勘探工作，对遗址的范围与重点提供有力依据					
		研究	开展对守备署的历史研究，对以后的展示利用提供有力依据					
Z3	都府署遗址	措施	□保养维护工程	□抢险加固工程	□本体修缮工程	■保护性设施建设工程	■安全监测工程	□环境整治工程
		利用	增设标识牌					
		管理	大鹏古城博物馆统一管理					
		考古	开展考古勘探工作，对遗址的范围与重点提供有力依据					
		研究	开展对都府署的历史研究，对以后的展示利用提供有力依据					
Z4	左堂署遗址	措施	□保养维护工程	□抢险加固工程	□本体修缮工程	■保护性设施建设工程	■安全监测工程	□环境整治工程
		利用	展示提升					
		管理	大鹏古城博物馆加强管理					
		考古	开展考古发掘工作					
		研究	加强对左堂署的历史研究，对以后的展示利用提供有力依据					

续表

编号	名称		保护措施
Z5	协台衙门遗址	措施	□保养维护工程　□抢险加固工程　□本体修缮工程　■保护性设施建设工程　■安全监测工程　■环境整治工程
		利用	增设标识牌
		管理	大鹏古城博物馆加强管理
		考古	开展考古勘探工作，对遗址的范围与重点提供有力依据
		研究	开展对协台衙门的历史研究，对以后的展示利用提供有力依据
Z6	参将府遗址	措施	□保养维护工程　□抢险加固工程　□本体修缮工程　■保护性设施建设工程　■安全监测工程　□环境整治工程
		利用	增设标识牌
		管理	大鹏古城博物馆统一管理
		考古	开展考古勘探工作，对遗址的范围与重点提供有力依据
		研究	开展对参将府的历史研究，对以后的展示利用提供有力依据
Z7	华光庙遗址	措施	□保养维护工程　□抢险加固工程　□本体修缮工程　■保护性设施建设工程　■安全监测工程　□环境整治工程
		利用	恢复华光庙的原有功能
		管理	大鹏古城博物馆统一管理
		考古	开展考古发掘工作
		研究	加强对华光庙的历史研究，对以后的展示利用提供有力依据
Z8	文庙遗址	措施	□保养维护工程　□抢险加固工程　□本体修缮工程　■保护性设施建设工程　■安全监测工程　□环境整治工程
		利用	增设标识牌
		管理	大鹏古城博物馆统一管理
		考古	开展考古勘探工作，对遗址的范围与重点提供有力依据
		研究	开展对文庙的历史研究，对以后的展示利用提供有力依据

续表

编号	名称		保护措施					
			□保养维护工程	□抢险加固工程	□本体修缮工程	■保护性设施建设工程	■安全监测工程	□环境整治工程
Z9	北门遗址	措施	□保养维护工程	□抢险加固工程	□本体修缮工程	■保护性设施建设工程	■安全监测工程	□环境整治工程
		利用	展示提升					
		管理	大鹏古城博物馆加强管理					
		考古	—					
		研究	加强对北门的历史研究，对以后的展示利用提供有力依据					
Z10	关帝庙遗址	措施	□保养维护工程	□抢险加固工程	□本体修缮工程	■保护性设施建设工程	■安全监测工程	□环境整治工程
		利用	增设标识牌					
		管理	大鹏古城博物馆统一管理					
		考古	开展考古勘探工作，对遗址的范围与重点提供有力依据					
		研究	开展对关帝庙的历史研究，对以后的展示利用提供有力依据					
Z11	火药局遗址	措施	□保养维护工程	□抢险加固工程	□本体修缮工程	■保护性设施建设工程	■安全监测工程	□环境整治工程
		利用	增设标识牌					
		管理	大鹏古城博物馆统一管理					
		考古	开展考古勘探工作，对遗址的范围与重点提供有力依据					
		研究	开展对火药局的历史研究，对以后的展示利用提供有力依据					
Z12	城墙遗址	措施	□保养维护工程	□抢险加固工程	□本体修缮工程	■保护性设施建设工程	■安全监测工程	■环境整治工程
		利用	复原展示、廊架展示、地标标识展示、覆土展示					
		管理	大鹏古城博物馆统一管理					
		考古	开展考古发掘工作					
		研究	加强对城墙的历史研究，对以后的展示利用提供有力依据					

三、古城空间格局保护措施

保护控制大鹏所城的视线通廊以及所城背山面海的格局。对周围山体（东山、排牙山、西山、七娘山）进行生态修复，禁止进行开山、采石、建房的破坏活动；禁止进行填海、排污等破坏水体的活动。

加强日常管控，禁止所城内进行新建、扩建工程。保护历史街巷的肌理格局、原有尺度和空间形态，保护街道的走向及街道视线通道，恢复传统街巷天际轮廓，保护历史街巷的材质以及街巷的传统附属功能，禁止在现有道路上搭建构筑物或者拓宽道路，整治现有街巷两旁建筑的沿街立面，凸显街巷原状。

四、大鹏所城城外相关遗存保护措施

类别		保护措施					
		保养维护工程	抢险加固工程	修缮工程	保护性设施建设工程	监测工程	环境整治
古墓葬	措施	■保养维护工程	□抢险加固工程	□修缮工程	□保护性设施建设工程	■监测工程	■环境整治
	利用	无展示利用价值					
	管理	大鹏古城博物馆统一管理					
	考古	—					
	研究	开展对城外相关遗存墓葬的历史研究					
古遗址	措施	□保养维护工程	□抢险加固工程	□修缮工程	■保护性设施建设工程	■监测工程	■环境整治
	利用	增设标识牌					
	管理	大鹏古城博物馆统一管理					
	考古	开展古城考古勘探工作，对遗址的范围与重点提供有力依据					
	研究	开展对城外相关遗存文物遗址的历史研究，对以后的展示利用提供有力依据					
古建筑	措施	□保养维护工程	□抢险加固工程	■修缮工程	□保护性设施建设工程	■监测工程	■环境整治
	利用	根据历史恢复庙宇供奉功能					
	管理	大鹏古城博物馆统一管理					
	考古	开展古城考古勘探工作，对院落的范围与重点提供有力的依据					
	研究	开展对城外相关遗存庙宇的历史研究，对以后的展示利用提供有力依据					

五、其他相关保护要素保护措施

类别			保护措施						
	措施	□保养维护工程	□抢险加固工程	□修缮工程	■保护性设施建设工程	■监测工程	■环境整治		
古井	利用	增设标识牌							
	管理	大鹏古城博物馆加强管理							
	考古	——							
	研究	开展对古城内古井的历史研究							
古树	措施	□保养维护工程	□抢险加固工程	□修缮工程	■保护性设施建设工程	■监测工程	■环境整治		
	利用	增加标识牌，加强对古树名木和古树后续资源保护的监督管理和技术指导，宣传普及保护知识							
	管理	大鹏古城博物馆加强管理							
	考古	——							
	研究	组织开展对古树名木的科学研究，推广应用科研成果							

第四节　环境保护规划

一、环境保护与整治原则

以保存大鹏所城真实历史信息为核心，注重文物环境、村落环境和自然山水环境的整体保护。

强调文物遗存—大鹏所城格局—村落格局—山形水系共同构筑的景观环境，保留与其相关的历史信息和文化内涵，最大限度地保护和延续文物及周边环境的历史形态。

以文物遗存周边环境现状评估为依据，从文物保护的角度出发，制定环境保护与整治措施。

以现代化新型村镇建设与国家级历史文化名村保护相结合为原则。

保护区划内一切环境整治活动，必须围绕保护，防止对文物建筑进行破坏。

以人为本，坚持可持续发展的理念，节约资源。

二、大鹏所城内环境保护措施

（一）所城城内建筑保护措施分类

对应大鹏所城城内建筑的综合分类，将大鹏所城城内建筑的保护措施分为三类。

改善类建筑：此类建筑具备一般的历史、科学、艺术价值的建筑，能反映区域一定建筑特色，与古城风貌协调性较好，建筑格局基本完整，建筑工艺和材质均符合古城整体风貌。局部地面、墙体、屋面、门窗装修等存在现代因素，建筑局部与古城整体风貌存在较小冲突。

改造类建筑：此类建筑不具备价值内涵，且无区域建筑特色，在体量、形式、建筑外立面色彩上与所城传统风貌基本一致，但在建筑的屋面、墙体、门窗木装修等方面与古城传统建筑材料、工艺存在较大差异，建筑单体风貌与古城风貌存在较大冲突。

拆除类建筑：此类建筑多为占压城墙遗址、破坏古城街巷布局的建筑，不具备价值内涵，且无区域建筑特色，在体量、形式、建筑外立面色彩上与所城传统风貌存在较大差异，多采用现代建筑的建造方式，严重破坏古城整体格局。

（二）所城城内建筑保护措施

1. 改善类建筑

对建筑整体进行保留，对不协调的现代因素进行改善，最大限度延续传统建筑的建筑形制与建筑风貌，以建筑现有做法为主要的修复手法，适当运用新材料、新工艺，同时可对内部格局进行适当调整。改造过程中可对病害严重的建筑部分适当采用现代材料进行修整，尽量保持新增设施与建筑原有风貌一致。建筑利用方式禁止进行餐饮、生产、制造等业态形式。

改善类建筑基底面积为 21866 平方米。

2. 改造类建筑

可对建筑本身与古城整体风貌造成较大冲突的部分进行整治改造，使之与传统风貌协调，同时可对内部格局进行改造调整。在保证建筑结构安全性的前提下，可根据具体的利用方式对室内地面、墙体、梁柱等部位进行合理改造。建筑在施工过程中适当应用当地建筑特色，优先考虑采用传统工艺，在建筑形式、高度、工艺手法上要符合所城整体风貌，同时应满足相关建筑设计规范。建筑利用方式禁止进行生产、制造等业态形式。

改造类建筑基底面积为 3052 平方米。

3. 拆除类建筑

此类建筑多为占压城墙遗址及无法对其通过降低层数、立面整治等方式使之与所城整体风貌协调的建筑，对其进行拆除可利于恢复所城历史格局。可进行新的展示利用建设活动或对有条件恢复历史格局的进行复建，或开辟为绿化及开敞空间。

拆除类建筑基底面积为 11224 平方米。

（三）建筑整治改造必要性说明表

年代	建筑价值	价值说明	风貌协调性	风貌说明	必要性	整改措施	措施说明	利用方式说明
晚清—20世纪80年代以前的建筑	价值一般的建筑	具备一般的历史、科学、艺术价值的建筑，能反映古城区域一定建筑特色的建筑。	风貌一般的建筑	此类建筑与古城风貌协调性较好，建筑格局基本完整，但局部地面、墙体、屋面、门窗装修等质均符合古城整体风貌。存在现代因素，建筑局部与古城整体风貌存在较小冲突。	整治改造必要性一般	改善类建筑	对建筑本体不协调的现代因素运用新材料、新工艺，适当进行整治改造，恢复符合古城整体风貌的传统建筑风格，同时可对内部格局进行适当调整。	禁止进行餐饮、生产、制造等业态形式。
	不具备价值	不具备历史、科学、艺术价值，无区域建筑特色的建筑。	风貌较差的建筑	此类建筑在体量、形式、建筑外立面色彩上与城市所传统风貌存在较大差异，建筑单体风貌与古城风貌存在较大冲突，多为现代建筑的建造方式。	整治改造必要性大	改造类建筑	可对对建筑本身与古城整体风貌造成较大冲突的部分进行整治改造，使之与传统风貌协调，改造过程中可使用现代材料和工艺，同时可对建筑内部格局进行改造调整。	禁止进行生产、制造等业态形式。
20世纪80年代以后的建筑	破坏性建筑	没有价值内涵，且破坏历史格局的建筑。	破坏性建筑	此类建筑多为占压城墙遗址、破坏古城街巷布局的建筑，严重破坏古城整体风貌。	整治改造必要性非常大	拆除类建筑	此类建筑多为占压城墙遗址的建筑，对其进行拆除可利于恢复所城历史格局，可进行新的展示示利用建设活动或对古迹文物进行复建，或开辟为绿化及开敞空间。	可进行新的展示利用建设活动或对有条件恢复历史格局的进行复建，或采开辟为绿化及开敞空间。

169

（四）所城内街巷整治措施

对《深圳市大鹏所城整体保护项目一、二期工程》实施后，所城内尚未进行整治的街道进行治理工程。剔除原有水泥及破损路面，采用青石板路面为主，适当搭配青砖和鹅卵石。为与所城排水系统相协调，在路边采用单侧布置的方式设置排水沟，并设置 1.5% 的横坡，坡向边沟。

（五）所城城内市政基础设施规划

对所城东南区域开展市政设施规划建设，完善给排水工程、电力工程、通信工程、有线电视工程，形成覆盖全面的市政基础设施系统。

1. 给排水工程

——给水工程

结合所城城内东南区域现有和未来用水需求，依托《深圳市大鹏所城整体保护项目一、二期工程》给水管网的技术要求，增设所城内东南区域给水管线和入户管线，以保障城内的用水量和用水安全。

——排水工程

采用雨污分流的排水方式，地面明沟排雨水，排污暗管排污水。

①雨水：明沟采用青石板砌筑，不设雨水口，以保证与所城的历史风貌相协调。排水边沟的下游通过雨水管接入市政雨水管。

②污水：污水管线采用一户设一污水支管，污水支管通过连接暗井与污水干管连接，并在室内设置检查井。污水管径小于或等于 DN 200 时采用 UPVC 塑料管，管径大于 DN 200 时采用 HDPE 中空壁缠绕结构，管材使用年限不小于 50 年。污水管开挖前全线采用钢管桩支护。

2. 电力工程

针对所城内用电不足，时有停电发生的现象，在结合所城用电荷载的前提下，规划在所城内增设变电房，以满足用户需求。依托《深圳市大鹏所城整体保护项目一、二期工程》电力的技术要求，增设所城东南区域电力线路，主电缆管采用玻璃钢管，入户电缆管采用热镀锌钢管，电力管道的转弯、分支等处均应设置电力接线井。

3.通信、有限电视工程

——通信工程：完善所城东南区域的通信系统，其中弱电管需用不锈钢槽固定，粗砂填缝，在弱电管道的转弯、分支等处均应设置弱电接线井。

——有线电视工程：规划增设光机箱1个，放大器箱7处，以满足所城东南区域的用户需求。

三、大鹏所城外环境整治措施

（一）所城城外总体环境整治措施

结合鹏城片区控制性详细规划及其他相关规划，根据现场情况提出以下环境整治措施：

- 所城周边建筑的拆迁和立面整治；
- 所城周边道路和停车设施的整治和设置；
- 所城周边市政工程管线的整治；
- 所城周边生产生活垃圾的处理；
- 大环河河道的恢复和整治。

（二）所城城外建筑整治措施

大鹏所城周边建筑整治措施包括：建筑拆迁、建筑整治两种方式，需要进行拆迁的建筑面积约为88600平方米，需要进行整治的建筑面积约为3.00公顷。

建筑拆迁：拆除规划环城路以内、所城以外，所形成的区域范围内的建筑，以及位于南北轴线上影响景观通廊和建筑风貌、质量较差的建筑。

建筑整治：对城外建筑层高、立面材料、颜色、风貌等局部与所城传统建筑不协调的建筑进行立面整治，采取降层、恢复墙体、门窗、屋面等方式。

（三）所城南城墙区域建筑高度控制要求

1.控制目标

规划以保护所城背山面海的空间格局，严格控制南北视线廊道为出发点，通过建立大鹏所城视线参数化模型，更加科学合理地制定大鹏所城的建筑高度控制要求。

2. 控制要求

规划以海岸线上的无数联系的点作为观察者的视点，以南城墙线作为观察者的目标点，建立参数化模型，得出海岸线到南城墙区域之间的廊道高度的具体控制要求。

建筑高度控制分两个区域：其中距离南门楼 20—215 米区域建筑高度不得超过 6 米；距离南门楼 215—312 米区域为禁止建设区。（详见建筑高度控制图）

分区	距南城墙距离（米）	建筑高度控制（米）
一区	20—215	6
二区	215—312	禁止建设

（四）所城城外交通系统调整建议

1. 道路系统整治

结合大鹏新区交通运输局开展的鹏飞路、鹏坝路道路红线改线工程落实法定图则路网，在考虑文物安全以及现状条件的基础上，对一号路线局部进行调整，为城墙遗迹预留安全缓冲空间。并考虑所城未来展示以及消防的需求沿城墙外边界 20 米范围规划一条绕城环路，路幅为 7 米。

2. 交通站场设施整治

——停车场

延续所城东门楼前现状停车场用地，以及法定图则规划南门楼前停车场用地，并针对现状停车用地分布不均匀的问题，将西门楼前和北门楼前用地设置为广场 + 停车场的混合用地，其中共设置停车场用地 0.77 公顷。

——公交站场

落实法定图则于所城西北侧规划的公交站场用地，面积为 0.60 公顷，以满足未来游客游览出行需求。

（备注：本条属于非文物规划调整建议，不做强制性要求，待大鹏交通运输局对大鹏所城地区道路进行规划调整时，可进行参考。）

（五）所城城外卫生环境整治

清除所城城外建筑垃圾，结合居民点设置封闭垃圾收集点，配置环卫机动车，设定专人进行卫生环境维护。

（六）所城城外市政基础设施规划

迁埋架空市政管线，更换老化电力线路，保障市政基础设施安全通畅运行。

（七）所城整体用地规划调整建议

1.用地调整必要性分析

（1）大鹏新区特色小镇建设的需要

大鹏所城及周边地块是鹏城片区打造文旅创意小镇的核心地段，是整个文旅小镇发展的重中之重。但该地段内严重缺乏结合未来发展所需求的文体设施用地、商业用地、交通设施用地，发展受到严重限制。

（2）大鹏所城总体空间结构构建的需要

大鹏所城展示利用规划提出"一心、一环、一带、两轴、五区"的空间结构，全面展示明清海防文化，打造文化与自然、传统与现代有机结合的国际旅游目的地。但目前该地块内的文体设施用地、商业用地等缺乏，不足以支撑空间结构的打造。

（3）大鹏所城城内用地功能疏解的需求

大鹏所城城内现状用地以四类居住用地和商业用地为主，商业用地分布零散，结合本次规划的原则和策略要求，对所城内部商业用地进行疏解，集中整合至所城周边具有商业潜力的地块内。

2.用地调整内容

（1）文化遗产用地：规划结合所城及周边文化遗存的分布范围，对法定图则中的文化遗产用地进行梳理，确定文化遗产用地面积为10.47公顷。

（2）文体设施用地：规划考虑所城未来发展需求，博物馆、文化服务设施的建设，于所城东北角区域增加文体设施用地一处，调整后的文体设施用地面积为2.12公顷。

（3）商业用地：大鹏所城南门楼和北门楼前道路上现有较成规模的商业用地，为所城现有的旅游发展起到了重要的支撑作用。结合所成展示空间结构，所城的南北轴线和东西轴线将是未来发展的重点，为此本次规划在法定图则的基础上，在所城南门楼、东门楼前道路两侧增加商业用地，强化突出轴线，调整后的商业用地面积为5.59公顷。

（4）交通设施用地：大鹏所城目前停车场用地集中在所城的南侧和东侧，用地分布不合理导致停车场利用率较低，西侧和北侧出现乱停车等现象，严重地影响了所城的旅游发展。在法定图则的基础上，结合考虑用地的延续性，在所城东侧适当增加停车场用地，并将南门楼和北门楼前用地性质调整为混合用地，兼顾停车功能。调整后的交通站场用地面积为1.37公顷。

用地分类	法定图则用地平衡指标表		本次规划用地平衡指标表	
	面积（公顷）	百分比（%）	面积（公顷）	百分比（%）
四类居住用地	3.31	3.12	2.49	2.35
文体设施用地	–	–	2.12	2.00
教育设施用地	1.87	1.77	1.87	1.77
文化遗产用地	12.04	11.37	10.47	9.88
商业用地	3.96	3.74	5.59	5.28
交通设施用地	0.64	0.60	1.37	1.29
城市道路用地	14.60	13.78	12.16	11.48
公园绿地	18.68	17.63	17.83	16.83
广场绿地	0.92	0.87	1.33	1.26
水域用地	4.59	4.33	3.92	3.70
农林用地和其他用地	41.94	39.59	42.23	39.87
沙滩用地	3.38	3.19	3.36	3.17
广场、停车场混合用地	–	–	0.64	0.60
广场、公园混合用地	–	–	0.55	0.52
总计	105.93	100	105.93	100

（备注：本条涉及所城城外的内容属于非文物规划调整建议，不做强制性要求，待大鹏所城地区法定图则进行修编时，可对其进行参考，但考虑到所城保护的要求，所城范围内的用地需调整为文化遗产用地。）

（八）所城人口控制建议

根据《核动力厂环境辐射防护规定》《大亚湾核电厂周围限制区安全保障与环境管理条例》，大亚湾核电站辐射范围0.5—5千米为规划限制区，不能有1万人以上的乡镇。大鹏所城整体均位于核电辐射范围5千米内，要求总人口不得超过1万人。

限制区内可以迁入少量常住人口或暂住人口，但不得超过限制区规划所确定的总人口。

　　要求拆迁后大鹏所城城内原住民不得低于原有原住民总数的 30%，对涉及拆迁的居民实施就近安置，并给予安排就业等优惠政策。

　　对房屋使用者进行控制和定期的培训，负责院落的日常养护、管理监测工作，引导居民结合规划进行相关的保护利用。

　　大亚湾核电站辐射范围区域划分及人口管理见下表。

	区域半径（千米）	人口密度（万人/平方千米）	人口上限（万人）
隔离区	0—0.5	—	严禁有常住居民
规划限制区	0.5—5	0.2	1
应急计划区	5—10	1	10
评价区	10—40	2.5	100

（九）环境质量监测

　　开展本地的环境质量监测工作，并定期出具监测报告，促进环境质量保护。

第五节　大鹏所城建筑修缮与整治指引

　　经过现场调研，大鹏所城片区建筑的主要病害及影响因素常见于地面、墙体、门窗、屋面等处，现将修缮和整治措施主要问题汇总如下，以指导建筑修缮和改造的技术措施。

一、地面

编号	现状照片	主要问题	整治措施
DM-1		室外条石地面年久失修，条石铺地风化、断裂严重，地面凹凸不平。	修整条石地面，局部破损严重不能使用的条石，选用同形制条石进行更换。

编号	现状照片	主要问题	整治措施
DM-2		室内方砖因年久失修、潮湿等原因出现破碎、生苔等现象。	修整室内地面，局部破损严重不能使用的条石，选用同形制方砖进行更换。
DM-3		建筑地面铺装全部采用现代釉面砖铺砌，材料颜色、质感与传统建筑不符，同时与古城整体风貌冲突。	铲除现有的地面铺装，选用仿古青砖或红色方砖重新铺砌。
建筑地面形制指引			
照片			
备注	室内方砖地面一	室内方砖地面二	室内方砖地面三

二、墙体

编号	现状照片	主要问题	整治措施
QT-1		建筑墙体结构形制符合古城风貌，但青砖外墙存在破损、歪闪、酥碱等严重病害，存在安全隐患。	清理破损墙面，局部拆砌后采用同形制砖料进行补砌。

续表

编号	现状照片	主要问题	整治措施
QT-2		墙体结构形制基本符合古城风貌，未有安全隐患，五合土外墙墙面存在墙皮脱落、局部破损等病害。	清理脱落、鼓胀墙皮，选用同色砂浆进行外墙皮修补。
QT-3		建筑整体风貌尚好，但墙体局部采用现代釉面砖进行装饰或现代涂料进行粉刷，整体格调与石库门、青砖墙不协调。	铲除不符合风貌的外贴饰面砖、现代外墙涂料面层，恢复原有肌理。
QT-4		建筑墙体外贴饰面砖，从材质、质感等方面与古城整体风貌严重冲突。	铲除全部外墙釉面砖后视建筑结构形式修复，若为钢筋混凝土结构，外墙包砌仿古砖；若为砖混结构则拆砌最外侧一层砖墙后采用仿古青砖包砌。
QT-5		建筑为现代建筑，结构形式采用钢筋混凝土或砖混结构，建筑形式没有地方特色，且不符合古城整体风貌。	进行外立面改造，做仿古青砖外墙，使之符合古城整体风貌。

	建筑墙体形制引导		
照片 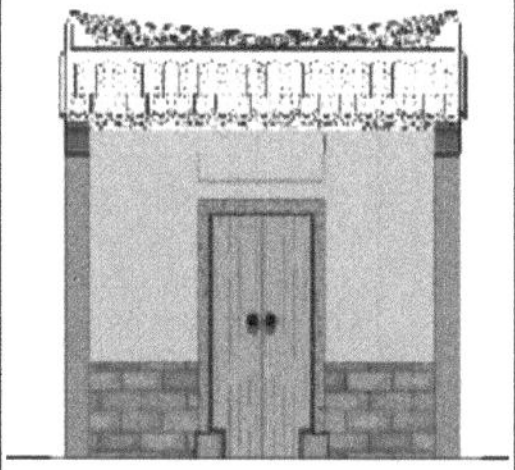   			
备注	五合土外墙墙面一	五合土外墙墙面二	青砖墙面一　青砖墙面二

177

三、门窗

编号	现状照片	主要问题	整治措施
MC-1		木质板门与古城风貌基本协调，但存在不同程度的破损、变形、油饰脱落等病害。	根据木质板门的残损情况进行修整、更换。
MC-2		石库门窗的石质门框、窗框保存较好，但门窗经过更换或改造，与建筑整体风貌有一定冲突。	拆除现有门窗，清理石质门框、窗框，根据实际尺寸制作木质门窗。
MC-3		木质隔扇门造型与建筑整体风貌较为相符，但颜色、局部窗棂处理不当，与建筑风貌造成一定冲突。	调整隔扇门棂条形式，重做门窗油饰为棕红色，使之符合古城整体风貌。
MC-4		后期使用过程中对门窗进行更换，安装铁艺门窗或防盗门窗。	拆除铁艺门窗及防盗门窗，根据门洞尺寸补配石质或木质门框，做木质板门。

续表

编号	现状照片	主要问题	整治措施
MC-5		建筑为新建建筑，门窗等装修全部采用现代形式，对古城整体风貌造成严重破坏。	拆除铁艺门窗及防盗门窗，根据门洞尺寸补配石质或木质门框，做木质板门。
建筑门窗形制指引			
照片			
备注	双开木门一	双开木门二	双开木门搭配矮趿门
照片			
备注	直棂窗	木质短窗	木质隔扇门

四、屋面

编号	现状照片	主要问题	整治方式
WM-4		建筑为新建现代建筑，屋面为现代平屋顶，对古城整体风貌造成严重破坏。	对建筑进行屋面改造，做两坡合瓦屋面。
建筑屋面形制指引			
照片			
备注	合瓦屋面	山墙垂脊	墀头挑檐

第六节　大鹏所城防护措施

一、防雷

为防止雷电对文物建筑的危害，须按照全国重点文物保护单位的防雷要求在大鹏所城城内设置完善的防雷系统。

工程设计应满足《建筑物防雷设计规范》（GB 50057-2010）、《古建筑木结构维护与加固技术规范》（GB 50165-92）等国家规范、标准的相关要求。工程施工应满足《气象灾害防御条例》（2010）、《防雷减灾管理办法》（2013）、《建筑工程施工质量验收统一标准》（GB 50300-2013）等法律、法规的有关要求。

设计、施工方案须经相关文物行政管理部门批准后组织实施。防雷设施完工后，应做好日常的检查和维护工作，建立检查制度宜每隔半年或一年检查一次，及时发现问题、及时维护。

二、消防

进一步完善大鹏所城整体的消防系统，在赖恩爵振威将军第附近增设消防栓一处，并合理配置微型消防车。消防系统工程设计应满足《建筑设计防火规范》（GB 50016-2014）、《古建筑木结构维护与加固技术规范》（GB 50165-92）等国家规范、标准的相关要求。消防系统工程施工应满足《建筑给水排水及采暖工程施工质量验收规范》（GB 50242-2002）、《建筑工程施工质量验收统一标准》（GB 50300-2013）等规范、标准的有关要求。

设计、施工方案须经相关文物行政管理部门批准后组织实施，同时必须经过严格的消防验收后方可使用。

消防系统工程完工后，应建立日常巡视制度：派专人负责消防管理及日常监督检查工作，相关人员应接受基本的消防知识和技能培训。

召集城内常住村民组成消防志愿队，定期进行消防安全知识培训，及时发现火灾隐患，确保火灾发生2分钟内出现在火灾现场组织、实施消防工作。

三、安防

周边区域设置安防监控探头，纳入大鹏所城整体的安防系统，同时借助周边村镇和社区力量，成立文物保护群众防治组织，确保文物安全。

工程的设计和实施须符合《博物馆和文物保护单位安全防范系统要求》（GB/T 16571-2012）、《文物系统博物馆风险等级和安全防护级别的规定》（GA 27-2002）、《安全防范工程技术规范》（GB 50348-2004）等国家有关规范、标准的要求，且安防工程施工前，工程设计方案应报广东省文物行政部门核准。

针对可能发生的自然灾害、人为破坏等突发事件，编制切实可行的安全防范应急预案，采取安全防范综合联动体系，确保对危害文物安全的特殊事件有足够的应急处理能力。

贯彻落实《大鹏所城安全保卫制度》，进一步规范巡查工作，明确巡查责任。

四、防洪

大鹏所城的防洪标准按百年一遇设防。

大鹏所城通过沟巷、市政排水及城外河道排除雨水，排水条件较好。为防止雨量大时的潜在山洪危险，沿各沟谷设置排洪沟，同时保持城外河道的畅通，以消除洪水次生地质灾害对文物建筑的威胁。

五、保护标志碑与界桩

在东西北门口分别增加竖立一座保护标志碑。

在保护范围和建设控制地带边界线埋置坚固耐久的界桩，边界线的拐点需埋置，其他按 100 米间距埋置。

第七节　管理规划

一、管理目标与策略

（一）管理目标

遵照文物工作方针中的"加强管理"要求，以文化价值为导向，依法进行文物管理，支撑文物保护的延续性。

（二）管理策略

以国家相关法律为依据，健全管理体制、完善管理制度、明确执法权限、加强管理工作，建立一支高素质的管理队伍；

加强对文物保护工作的政策研究，制定科学的管理规章；

建立安防系统，配备消防和防雷设施；

加强游客管理，提高对游客服务的规范化管理水平；

积极普及文物知识，宣传文物价值，提高市民的文物保护意识；

采用政府主导、居民参与、实体运作的管理运行方式，全面有效地进行大鹏所城保护和利用。

二、运营管理

（一）管理机构

大鹏所城管理机构现为大鹏古城博物馆，大鹏古城博物馆负责大鹏所城的日常保护和管理工作。后期考虑所城的保护和利用的实际需求，大鹏古城博物馆委托有管理运营条件的企业，开展所城的活化利用、活动组织等。并设立文物保护专家领导小组，定期举行研讨会、为大鹏所城保护、管理、展示、运营等方面提供意见及建议。

（二）人员编制及要求

规划建议完善管理机构人员配置，增加大鹏古城博物馆文物保护专业人员编制，无法增加人员编制时，可采用外聘专业人员的方式，需满足文物保护、安全防护、运营管理监督、展示利用的职能要求。

规划建议专家委员会由文物保护、城市规划、考古、旅游策划等相关专业的专家共同组成。

加强保护、管理、运营团队的建设，尤其建立健全消防队伍，以管理人员、技术人员等岗位倾向分类，有针对性地制定员工培训计划和分批、定期培训制度。

建立人才交流制度，与国内国际其他保护组织机构保持周期性交流，了解最新的保护动态。

（三）管理设施

规划保留大鹏古城博物馆目前的管理设施（粮仓及南部办公用房等），近期办公用房设置在粮仓南侧的大鹏古城博物馆办公楼内，分设值班室、消防中心、监测中心等专职办公用房，作为日常保护管理场所；远期办公用房设置在城外新建的博物馆内。

加强所城资料的管理与储藏设施，建立专门的资料档案室和查询系统。

增加管理设施配置，如通信设备、安防设备、防火设施、避雷设施等，以满足文物保护管理需求，配合管理机构进行所城的保护管理工作。

（四）管理法规与规章制度

管委会制定《大鹏所城保护管理条例》（以下简称《条例》），按照规定程序，审批并公布实施。《条例》内容应包括：保护范围与建设控制地带的界线、保护管理、利用管理、居民使用管理、管理体制与经费、奖励与处罚等。

建立、健全各项规章制度，包括"四有"工作完善制度、文物保护责任制度、文物维修与监测制度、日常保养制度、文物保护宣传制度、日常管理规章、安防条例、应急预案、职工教育培训制度、游客安全责任制度等规章制度。

建立大鹏所城乡规民约，实现全民参与文物保护工作，提高所城保护水平。

（五）建立政府多部门联动机制

信息沟通制度。整合运用各类信息平台，实现大鹏所城信息共享。按照决策公开、管理公开、服务公开、结果公开的要求，加强部门之间的信息沟通，协同推进涉及多部门的大鹏所城保护利用事项的开展。对涉及不宜公开的信息和事项，采取定期通报、文件抄送、走访座谈等形式，及时告知和反馈相关部门抓好落实。

规划统筹制度。充分发挥规划统筹指导作用，根据要求，制定涉及多部门所城事项的综合规划，各相关部门要在总规划框架内制定具体实施方案，精心组织实施，对所城保护规划实施进展情况及时进行跟踪、评估、调整，确保有序推进。

联审会商制度。根据工作任务，建立由大鹏新区文体旅游局主要负责人为召集人，相关部门负责人为成员的联席会议制度，定期或不定期对所城保护的重大事项进行联审会商，通报进展情况，分析问题，提出解决问题的对策和办法，督促相关部门及时整改。

协调服务制度。各相关部门要强化主动服务意识，在所城保护过程中，结合自身职能，提前介入、及时指导、主动服务；加强合作联动意识，保证所城保护管理利用的顺利实施。

跟踪问效制度。建立督办制度，由大鹏新区文体旅游局对涉及多部门的所城重大事项进行跟踪问效、督查督办，确保各项措施落实到位，确保协同联动机制高效运行。

（六）审批流程

根据大鹏所城保护区划以及文物建筑的级别，将保护区划内涉及的各类相关工程的审批流程分为以下六类。

（备注：待规划正式批准后，按照最新的法律法规要求执行。）

1. 需报经国家文物局批准的项目类型

——大鹏所城全国重点文物保护单位的本体保护工程、展示工程、保护性设施建设工程、环境整治工程以及防护工程的计划书。

——大鹏所城全国重点文物保护单位的抢险加固工程。

2. 需报经国家文物局同意，广东省人民政府批准的项目类型

——保护范围内的其他建设工程或者爆破、钻探、挖掘等作业。

3. 需报经广东省文物局批准的项目类型

——大鹏所城全国重点文物保护单位的本体保护工程、展示工程、保护性设施建设工程、环境整治工程以及防护工程。

4. 需报经深圳市文物管理部门批准的项目类型

——大鹏所城保护区内涉及的市级文物保护单位（清振威将军刘起龙墓、东山寺石牌坊）的抢险加固、本体修缮、保护性设施建设、环境整治工程、展示利用等工程。

5. 需报经大鹏新区文物管理部门批准的项目类型

——大鹏所城保护区划内涉及的区级文物保护单位（刘起龙夫人林氏墓、明武略将军徐勋墓、赖太母陈夫人墓、东山寺墓塔、东山寺住持墓、龙井、赖绍贤夫妇墓、荣荫桥、登云桥）及未定级不可移动文物建筑的保护工程、环境整治工程、展示利用等工程。

6. 需报经国家文物局同意，大鹏新区规划行政部门批准的项目类型

——大鹏所城建设控制地带内涉及的建设工程。

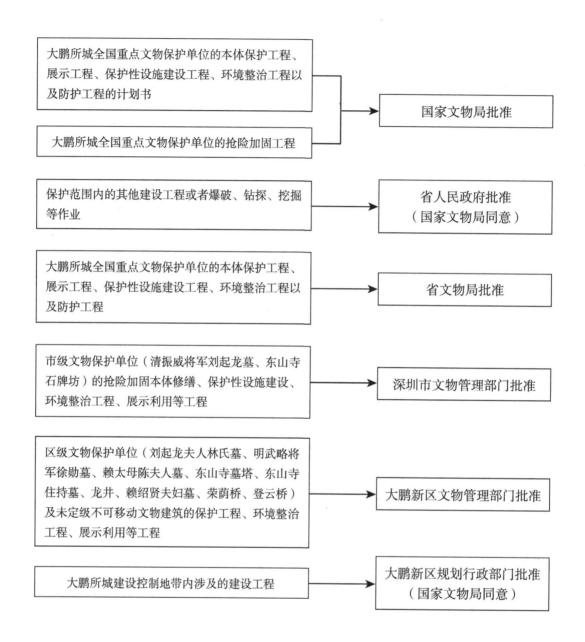

大鹏所城全国重点文物保护单位的本体保护工程、展示工程、保护性设施建设工程、环境整治工程以及防护工程的计划书	国家文物局批准
大鹏所城全国重点文物保护单位的抢险加固工程	
保护范围内的其他建设工程或者爆破、钻探、挖掘等作业	省人民政府批准（国家文物局同意）
大鹏所城全国重点文物保护单位的本体保护工程、展示工程、保护性设施建设工程、环境整治工程以及防护工程	省文物局批准
市级文物保护单位（清振威将军刘起龙墓、东山寺石牌坊）的抢险加固本体修缮、保护性设施建设、环境整治工程、展示利用等工程	深圳市文物管理部门批准
区级文物保护单位（刘起龙夫人林氏墓、明武略将军徐勋墓、赖太母陈夫人墓、东山寺墓塔、东山寺住持墓、龙井、赖绍贤夫妇墓、荣荫桥、登云桥）及未定级不可移动文物建筑的保护工程、环境整治工程、展示利用等工程	大鹏新区文物管理部门批准
大鹏所城建设控制地带内涉及的建设工程	大鹏新区规划行政部门批准（国家文物局同意）

（七）管理经费

按照国家有关文件，完善财务与资产规范化管理；

引导政府重视，获得更多的地方财政支持；

开放社会资助渠道，特别是专业保护机构的捐助；

探讨"大鹏所城保护基金会"的筹办与管理方式；

吸引民间力量投资建设，并在大鹏古城博物馆的引导和监控下进行。

三、专项管理

（一）日常管理

1. 大鹏古城博物馆

全面负责经过审批的保护规划中各项内容的组织实施和监督管理。

直接负责 21 处全国重点文物建筑、12 处重点建筑遗址及相关保护要素的保护管理、展示设施建设、环境保护与治理、治安和有偿经营服务等事务。

做好国有全国重点文物建筑、重点建筑遗址及其环境的经常性保养维护工作，提高日常保养工程的技术含量，对可能造成的损伤采取预防性措施；对非国有重点文物建筑、建筑遗址采取所有人负责保养维护的原则，当所有人不具备修缮能力时，由当地人民政府给予帮助。

建立健全"四有"档案制度，收集、整理大鹏所城的相关历史信息及保护工作资料。

开展文物保护宣传教育工作，鼓励社会力量参与大鹏所城保护工作。

建立自然灾害、文物建筑及载体、环境以及旅游开发强度等监测制度，积累监测数据，为日常保养及保护修缮工作提供科学依据。

2. 管理运营主体

在文物保护委员会的监督和引导之下，负责非文物和非历史风貌建筑及其周边环境的改造更新建设，组织实施展示利用与经营管理，同时负责建筑周边环境的保护、治理。

组织制定符合实际的安全及疏散预案，并定期实施演练。

开展日常保护宣传教育工作，规范游客行为，鼓励社会力量参与大鹏所城保护工作。

3. 村民

组织消防志愿队，自愿参与到大鹏所城的保护中去。

开展所城民俗活动和传统节日，发扬所城历史文化内涵。

（二）工程管理

严格执行"不改变文物原状""最小干预"的原则；严格执行文物保护工程管理工作程序。

全面落实规划报批与公布，推进保护、利用工作的全面协调开展。

落实保护区划管理规定的实施工作，对保护区划内的建设工程进行严格监督管理。

按照国家各项法律、法规、条例履行管理报批手续；实施所有保护工程勘察设计与施工管理；执行工程资质管理。

建立规划实施的评估标准，监督实施进展与问题。

（三）资料管理

建立资料室并建立管理系统，对资料档案实行专人负责、专人管理制度。

加强文物档案收集整理工作，收集与文物有关的各类基础信息、学术成果、保护方案和政策文件，包括文字、表格、图片、拓片、照片、影像等资料。

（四）宣传教育

在各单位、部门及其他相关的管理机构中开展多形式的《中华人民共和国文物保护法》宣传活动。

在广大居民中积极宣传文物保护政策，要争取调整后的保护范围、建设控制地带内相关部门、居民的理解和支持。

积极鼓励、正确引导本地民众参与文物保护的热情。

第二章　规划图

保护区划规划图

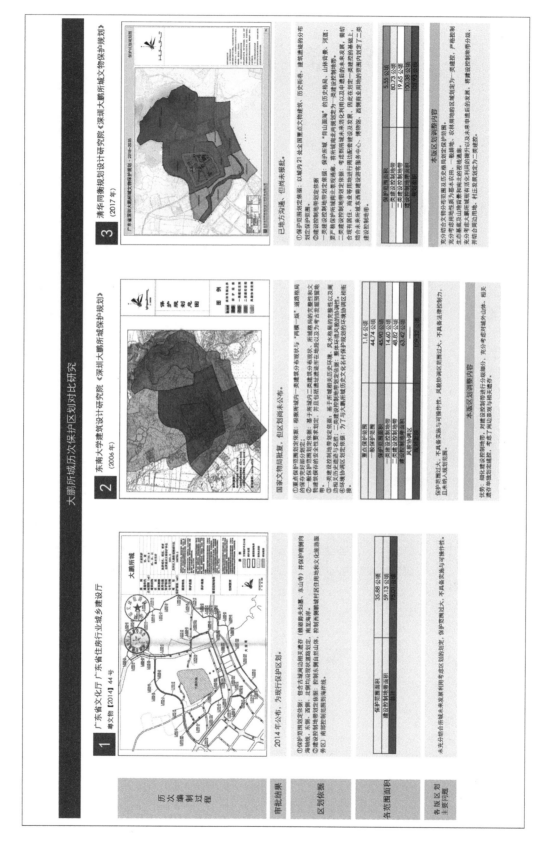

历次保护区划对比研究图

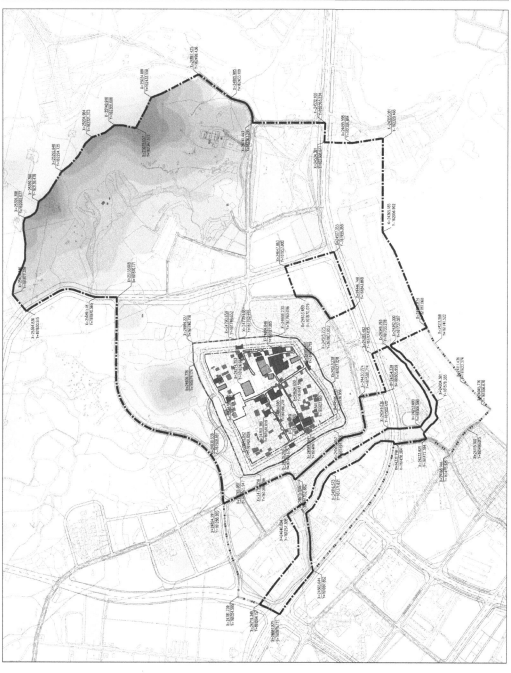

保护区划控制点坐标图

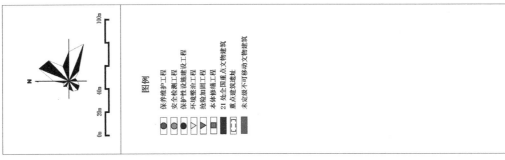

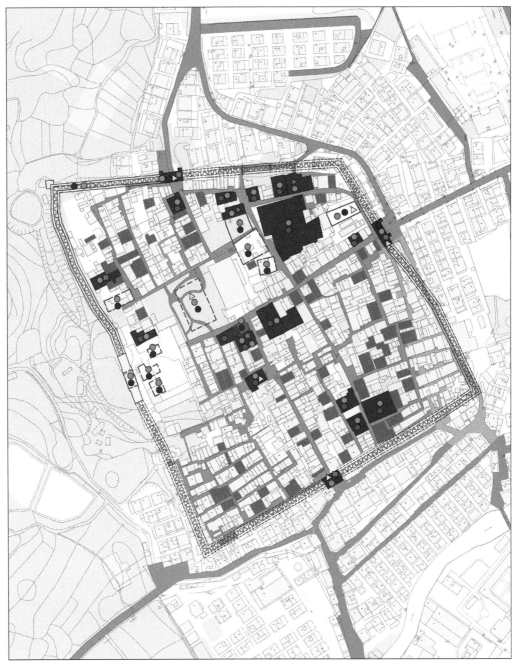

21处全国重点文物建筑及建筑遗址保护措施规划图

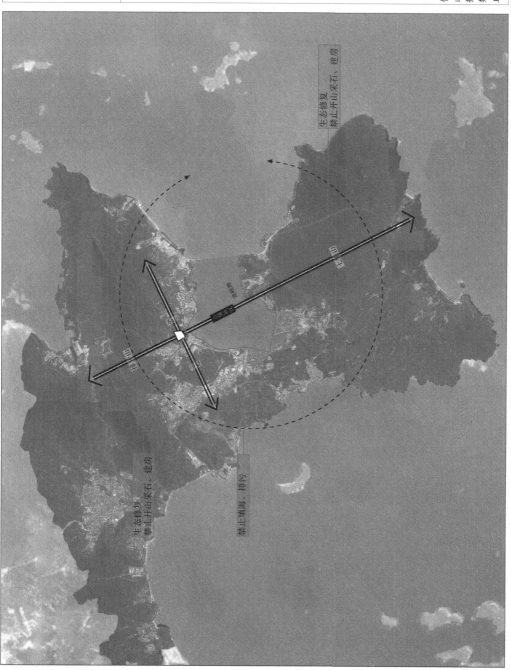

空间格局保护规划图

保护控制所城的视线通廊以及所城背山面水的格局。对周围山体（东山、排牙山、西山、七娘山）进行生态修复，禁止开山采石、建房的破坏活动；禁止进行填海、排污等破坏水体的活动。

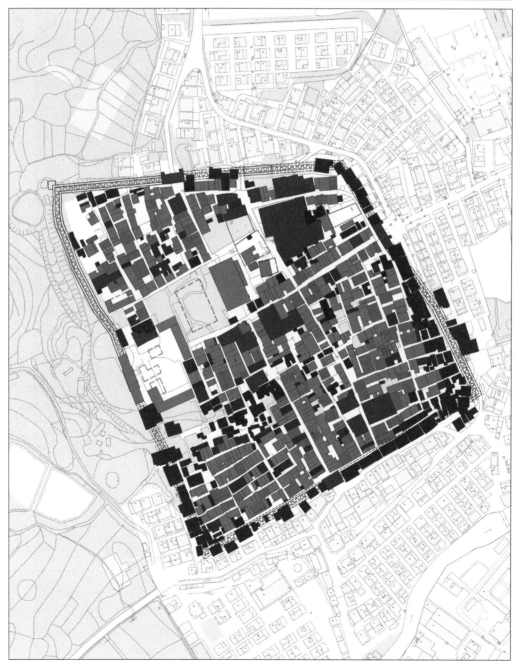

其他建筑整治措施规划图

经过现场调研，大鹏所城片区建筑的主要病害及影响因素及常见于地面、墙体、门窗装饰、屋面等处。现将修缮和整治措施汇总如下，以指导建筑修缮和改造的技术措施。

一、地面

编号	现状照片	主要问题	整治措施
DM-1		室外条石地面因年久失修，条石地面风化、断裂严重，地面凹凸不平。	修整条石地面，局部破损严重不能使用的条石进行更换。
DM-2		室内方砖因年久失修，潮湿等原因出现破损碎、生苔等现象。	修整室内地面，局部破损严重不能使用的条石进行更换。
DM-3		建筑地面铺装全部采用现代地面砖铺砌，材料颜色、质感不符，建筑铺砌对古城风貌造成冲突。	铲除现有地面铺装，选用古青砖或红色方砖仿古传统方砖重新铺砌。

建筑地面形制指引

照片

室内方砖地面一	室内方砖地面二	室外条石地面

备注

一、墙体

编号	现状照片	主要问题	整治措施
QT-1		建筑墙体结构形制符合古城风貌，但青砖外墙存在破损、歪闪、酥碱等严重病害，存在安全隐患。	清理破损据墙面，局部拆除砌，采用同形制砖料进行补砌。
QT-2		墙体结构构形基本符合古城风貌，未有安全隐患，五合土外墙墙面存在墙皮脱落，局部破损等病害。	墙面结构形制基本符合古城风貌，墙皮脱落，选用膨胀皮，采用同色外墙涂料同色砂浆来进行外墙皮修补。
QT-3		建筑整体风貌尚好，但墙面轴面砖采用现代或装饰面砖进行粉砌，整体格调与石库门、青砖墙不协调。	铲除不符合风貌的外贴饰面层，恢复现有肌理。
QT-4		建筑墙体外贴饰面砖，从材质、质感等方面对古城风貌造成严重影响。	铲除全部外墙轴面砖结构形式，若墙筑形式现代钢筋混凝土结构，外墙包砌仿古青砖，若为砖混结构则拆砌最外侧一层砖墙后采用仿古青砖包砌。
QT-5		建筑为现代建筑，结构形式采用现代建筑钢筋混凝土或砖混结构，武式没符对古城整体风貌。	铲除外墙体形式，结构形式，建筑形做仿古立面改造，做仿古砖外墙，使之符合所城整体风貌。

建筑墙体形制指引

照片

五合土外墙墙面	青砖墙面

备注

照片

五合土外墙墙面	青砖墙面

备注

建筑修缮与整治指引（一）

195

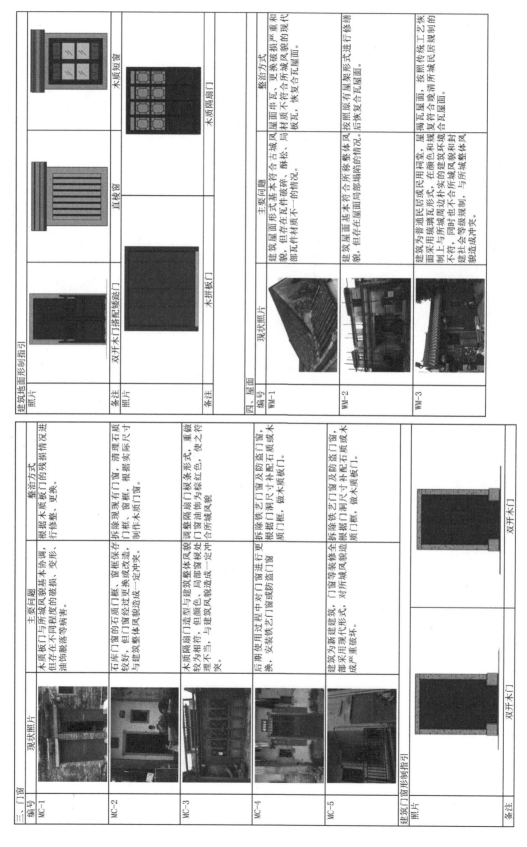

三、门窗

编号	现状照片	主要问题	整治方式
MC-1		木质板门与所处城风貌基本协调，但存在不同程度的破损、变形、油饰脱落等病害。	根据木质板门的残损情况进行修整、更换。
MC-2		石库门窗的石质门框、窗框保存较好，但门窗经过改造或更换，与建筑整体风貌造成一定冲突。	拆除现有门窗，清理石质门框、窗框，根据实际尺寸制作木质门窗。
MC-3		木质隔扇门造型与建筑整体风貌较为相符，但局部窗饰处理不当，与建筑风貌造成一定冲突。	调整隔扇门板条形式，重做隔扇门油饰，调整窗棂处颜色为棕红色，使之符合所处城风貌。
MC-4		后期使用过程中对门窗进行更换，安装铁艺门窗及防盗门窗，与建筑整体风貌造成严重破坏。	拆除铁艺门窗及防盗门窗，根据门洞尺寸配木质或木质门框，做木质板门。
MC-5		建筑为新建筑，门窗等装修全采用现代形式，对所处城风貌造成严重破坏。	拆除铁艺门窗及防盗门窗，根据门洞尺寸配木质或木质门框，做木质门窗。

建筑门窗形制指引 照片：双开木门　双开门

备注

建筑地面形制指引

照片：木质短窗　直棂窗　木质隔扇门

备注 照片：双开木门搭配锁跳门　木拼板门

备注

四、屋面

编号	现状照片	主要问题	整治方式
WM-1		建筑屋面基本符合所合城风貌，但存在瓦件破碎、酥松、局部瓦件材质不一的情况。	更换破损严重的屋面青瓦，屋面不符合所城风貌的现代板瓦，恢复合瓦屋面。
WM-2		建筑屋面基本符合所称整体风貌，但存在屋面局部塌缩的情况。	按照原有屋架形式进行修缮，后恢复合瓦屋面。
WM-3		建筑为普通民居或民国形式，屋面采用琉璃瓦形式，在颜色和质感上与所处城风貌不符，同时也不合屋面规制，与建筑等级规制、社会等级规制造成冲突。	按照传统工艺恢复制的揭瓦屋面，按照传统民居清所城规制，恢复复合瓦屋面。

建筑修缮与整治指引（二）

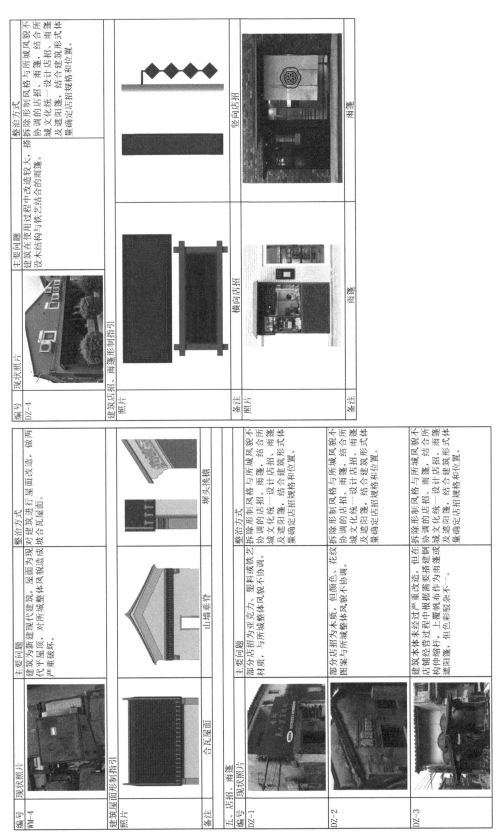

编号 WM-4	现状照片	主要问题	整治方式
		建筑为现代新建建筑，屋面为现代平屋顶，对所城整体风貌破坏严重。	对建筑进行屋面改造，做两坡平屋顶现貌改造成坡合瓦屋面。

建筑屋面形制指引
照片：合瓦屋面　山墙垂脊　墀头挑檐

备注

五、店招、雨篷

编号	现状照片	主要问题	整治方式
DZ-1		部分店招为亚克力、塑料或铁艺材质，与所城整体风貌不协调。	拆除形制风貌与所城风貌不协调的店招、雨篷，结合协调的店招、雨篷，设计文化墙，结合建筑形式或反遮阳篷，量确定店招规格和位置。
DZ-2		部分店招为木质，但颜色、花纹图案与所城整体风貌不协调。	拆除形制风貌与所城风貌不协调的店招、雨篷，结合协调的店招、雨篷，设计文化墙，结合建筑形式或反遮阳篷，量确定店招规格和位置。
DZ-3		建筑本体未经过严重改造，但在店铺经营过程中根据需要搭建钢构伸缩杆，上覆帆布作为雨篷或遮阳篷，但色彩驳杂不一。	拆除形制风貌与所城风貌不协调的店招、雨篷，结合协调的店招、雨篷，设计文化墙，结合建筑形式或反遮阳篷，量确定店招规格和位置。

编号 DZ-4	现状照片	主要问题	整治方式
		建筑在使用过程中改造较大，搭设形制风貌与城市... 设木结构与铁艺结合的雨篷。	拆除形制风貌与所城风貌不协调的店招、雨篷，结合协调的店招、雨篷，设计文化墙，结合建筑形式或反遮阳篷，量确定店招规格和位置。

建筑店招、雨篷形制指引
照片：横向店招　竖向店招　雨篷

备注

建筑修缮与整治指引（三）

所城外建筑整治措施图

大鹏所城周边建筑整治措施包括:建筑拆迁、建筑整治两种方式。需要进行拆迁的建筑面积约为88600平米,需要进行整治的建筑占地面积约为3.00公顷。

图例
拆除类建筑
改造类建筑

拆除类建筑
整治类建筑

图例

一区

二区

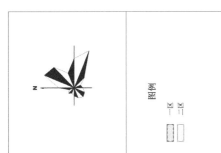

大鹏所城南侧建筑高度控制

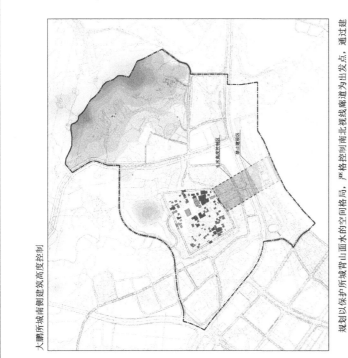

规划以保护所城背山面水的空间格局，严格控制南北视线廊道为出发点，通过建立大鹏所城南侧的建筑高度控制，更加科学合理确定大鹏所城南端区域的目标点，建筑高度控制要求。

以海岸线上的无数视线系的点，作为观察者的视点，得出海岸线到南端城端区域之间廊道高度的具体控制要求。建筑高度建立参数化模型，得出海岸线到南端城端区域的具体控制要求，大体分区为两个区，具体控制要求如下：

分区	距南城墙距离（米）	建筑高度控制（米）
一区	20-215	6
二区	215-312	禁止建设

背山面水的历史格局

被掩埋的南门楼和城墙

随着大鹏所城周边城市发展建设，建筑风貌、建筑层数缺乏有效的控制，导致所城被隐藏，背山面水的格局慢慢消失。

建筑高度控制分析图

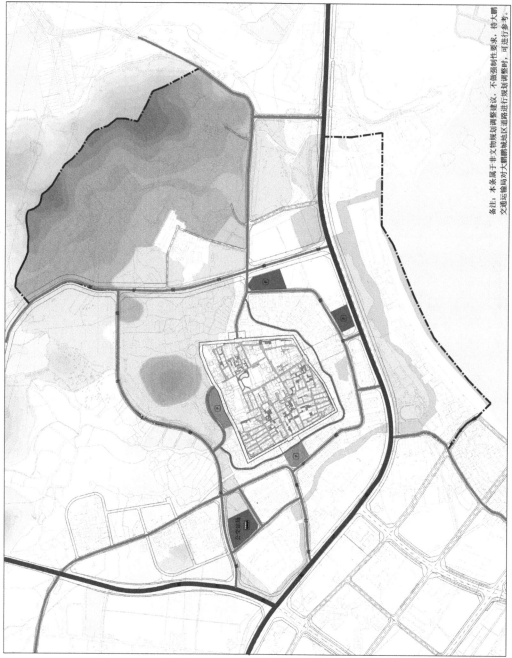

交通系统规划图

备注：本案属于非文物规划调整建议，不做强制性要求，待大鹏交通运输局对大鹏鹏城地区道路进行规划调整时，可进行参考。

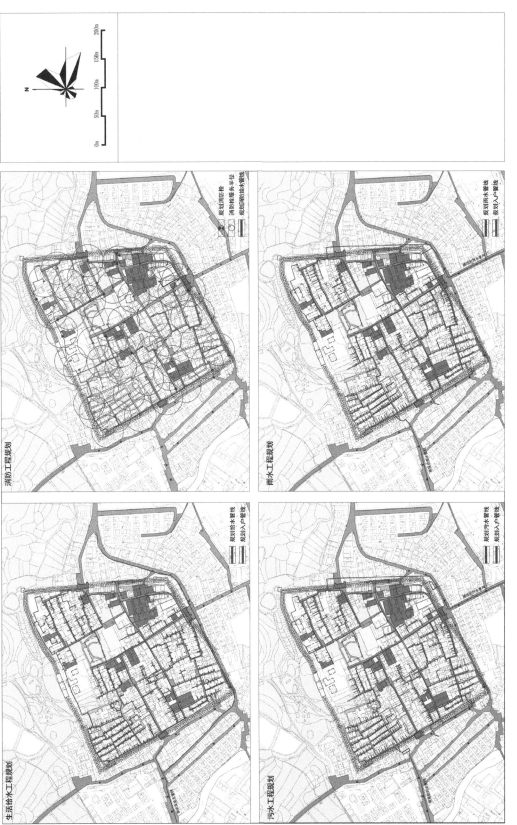

消防工程规划

生活给水工程规划

雨水工程规划

污水工程规划

市政基础设施规划图（一）

规划消防栓
消防栓服务半径
规划消防出水管线

规划雨水管线
规划入户管线

规划给水管线
规划入户管线

规划污水管线
规划入户管线

市政基础设施规划图（二）

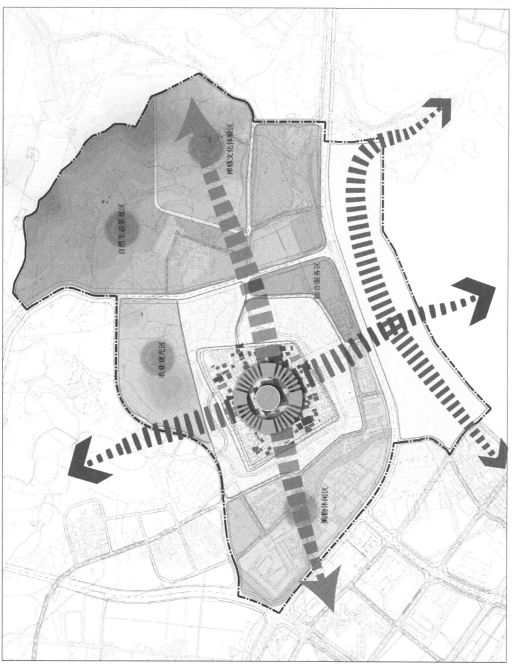

图例

一心
一环
两轴
一带
购物休闲区
农业观光区
综合服务区
自然生态景观区
禅修文化体验区
规划范围

展示结构规划图

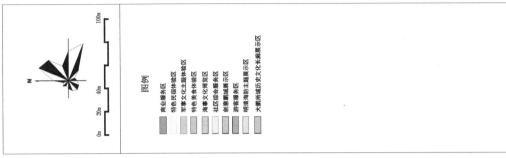

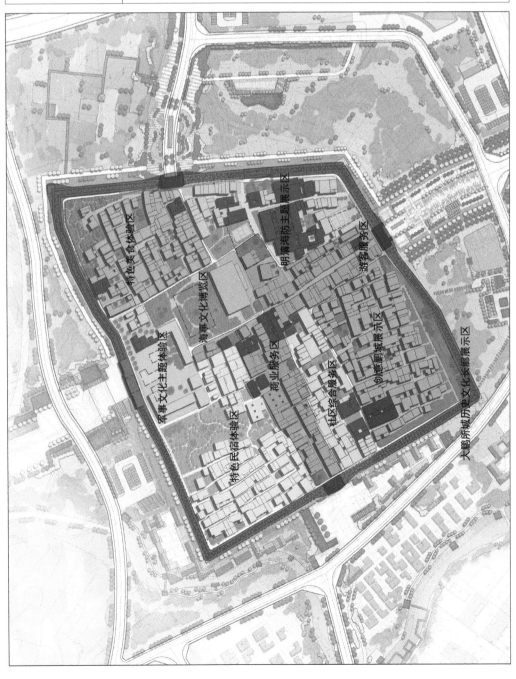

城内功能分区图

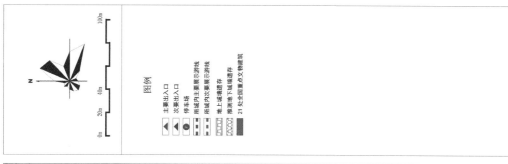

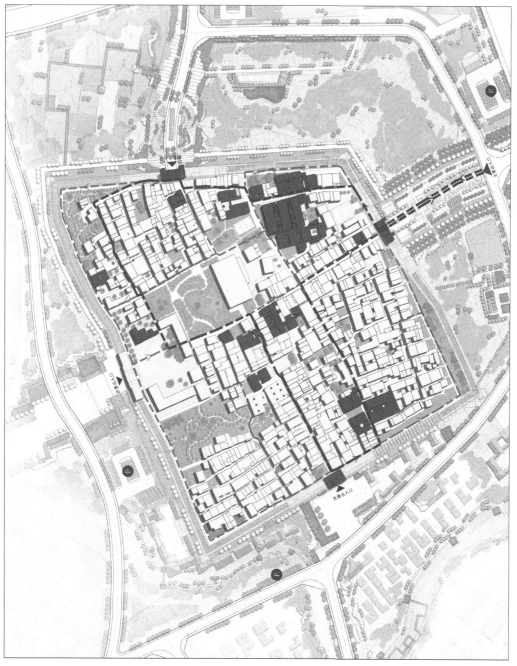

展示游线规划图

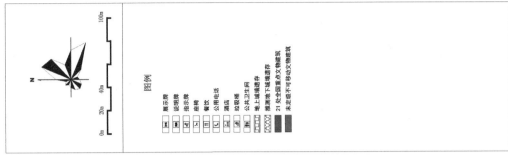

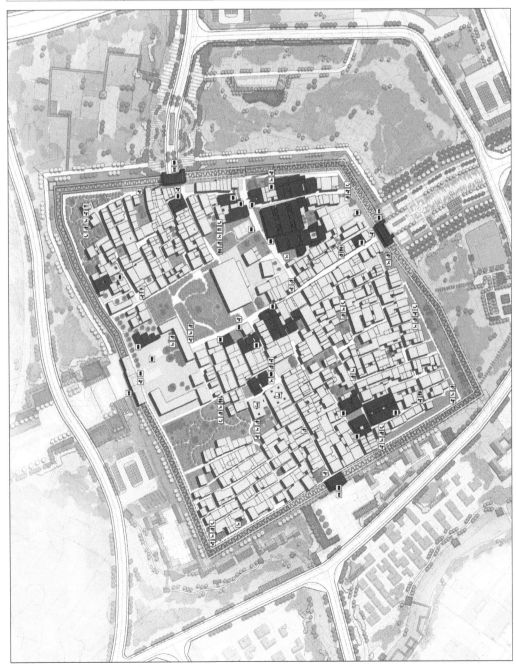

公共服务设施布置图

法定图则用地规划分析

（1）法定图则

（2）法定图则用地问题总结

1、文化遗产用地
法定图则用地中将大鹏所城周边无文化遗存的用地划为文化遗产用地。

2、文体设施用地
法定图则周边无问题设施用地，不利于所城未来的展示利用。

3、商业用地
法定图则用地中取消了原所城内部、南门楼和东门楼的西侧，不利于所城的发展需求，和空间结构的打造。

3、交通战场用地
（1）道路红线，与法定图则道路网相冲突。
（2）停车场用地：目前交通运输局提供了最新的大鹏飞路、规划道路红线，仅为0.64公顷，难以满足所城未来的发展需求，且此数据较现状停车场面积有较大差异。

用地调整必要性分析

（1）大鹏新区特色小镇建设的需要

口特色小镇国际湾区论

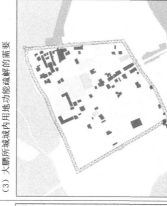

大鹏所城及周边地块是大鹏城小镇创意文旅创造小镇的核心地段，是整个文旅发展的重中之重，结合文旅所需求的文化设施用地、商业用地、交通站场用地等未来发展严重受限制。

文化遗产用地：规划结合所城及周边文化遗存的分布范围，对法定图则中的文化遗产用地进行梳理，确定文化遗产用地面积约为10.47公顷。

文体设施用地：规划考虑所城未来发展需求，文化博物馆的建设，于所城东北角的服务设施用地一处，为此本规划在法定图则中文化设施用地一处，调整后的文体设施用地面积约2.12公顷。

（2）大鹏所城总体空间结构构建的需要

大鹏所城展示利用规划提出"一心、一环、一带、两轴、五区"的空间结构，全面展示明清时期清海防文化，打造文化与现代有机结合的国际旅游目的地，但目前该地块内的文化设施用地等缺乏，不足以支撑空间结构的打造。

商业用地：大鹏所城南门楼和北门楼前在所城前道路上现有较高成规模的商业用地，为所城的旅游发展起到了重要的支撑作用，结合所形成展示空间结构，所城的南北轴线和东西轴线将来是未来发展的重点，为此本规划在法定图则增加商业用地，调整东门楼和北门楼前的文化遗产用地面积约5.59公顷。

（3）大鹏所城城内用地功能疏解的需要

大鹏所城内现状用地以四类居住用地为主、商业用地分布较零散，结合本规划的原因和发展要求，对所城内的商业用地进行疏解，集中整合至所城内结构的打造块内。

交通设施用地：大鹏所城目前停车场集中在所城的两侧和东侧，分布不合理，西侧用地出现乱停车等现象，严重影响了所城的旅游发展，对所城东西轴线将来是不足以支撑停车场用地，在法定图则的基础上，结合南门楼和北门楼前地质提升为混合用地，兼顾停车功能，并将南门楼和北门楼前的交通站场用地面积约为1.37公顷。

结论

法定图则用地规划分析图

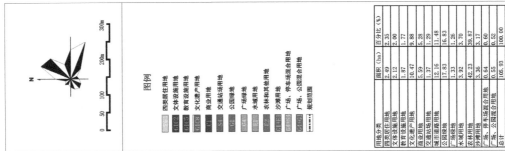

用地分类	面积（ha）	百分比（%）
四类居住用地	2.49	2.35
文体设施用地	2.12	2.00
教育设施用地	1.87	1.77
文化遗产用地	10.47	9.88
商业用地	5.59	5.28
交通站场用地	1.37	1.29
城市道路用地	12.16	11.48
公园绿地	17.83	16.83
广场绿地	1.33	1.26
水域用地	3.92	3.70
农林和其他用地	42.23	39.87
沙滩用地	3.36	3.17
广场、停车场混合用地	0.64	0.60
广场、公园混合用地	0.55	0.52
总计	105.93	100.00

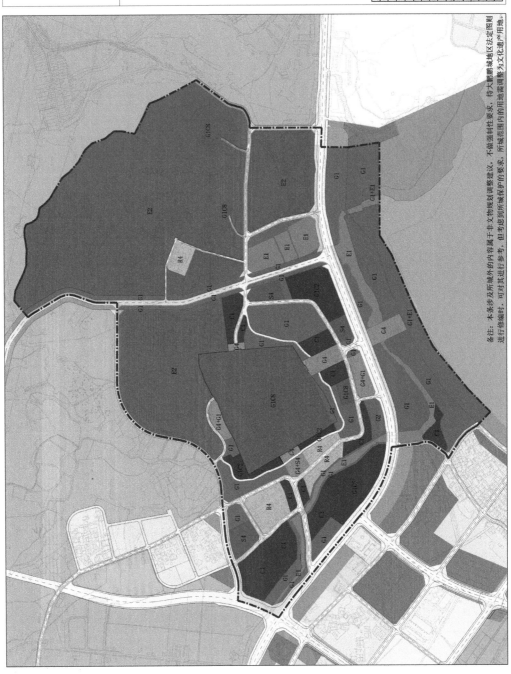

用地功能引导图

备注：本条涉及所城外的内容多属于丰文物规划调整建议，不做强制性要求。待大鹏鹏城地区法定图则进行修编时，可对其进行参考，但考虑到所城保护的要求，所城范围内的用地需调整为文化遗产用地。

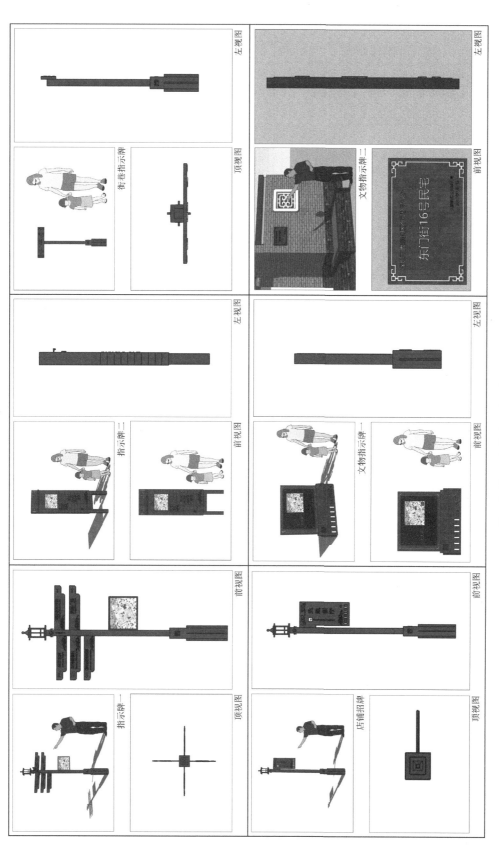

展示标识及公共小品设计图（一）

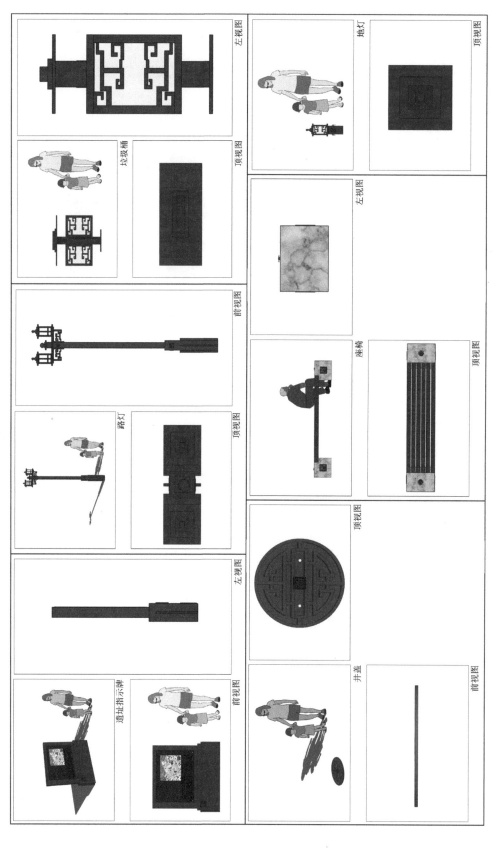

展示标识及公共小品设计图（二）

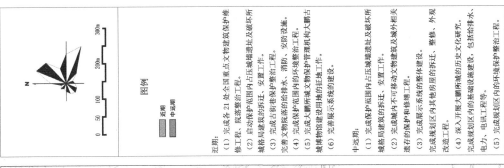

近期：

（1）完成各 21 处全国重点文物建筑保护维修工程、院落整治工程。

（2）启动保护范围内占压城墙遗址及破坏所城格局建筑的拆迁、安置工作。

（3）完成古街巷保护整治工程。

完善文物院落的给排水、消防、安防设施。

（4）完成保护范围内的环境整治工程。

（5）完成大鹏所城文物保护管理机构大鹏古城博物馆建设用地的征地工作。

（6）完善展示系统的建设。

中远期：

（1）完成保护范围内占压城墙遗址及破坏所城格局建筑的拆迁、安置工作。

（2）完成城内不可移动文物建筑及城外相关遗存的保护和修缮工程。

（3）完成展示系统的整体建设、整修、外观改造工程。

完成规划区内其他房屋的拆迁。

（4）深入开展大鹏所城的历史文化研究。

完成规划区内的基础设施建设，包括给排水、电力、电讯工程等。

（5）完成规划区内的环境保护整治工程。

图例
近期
中远期

分期实施规划图

211

附录一 2004年大鹏所城保护规划图

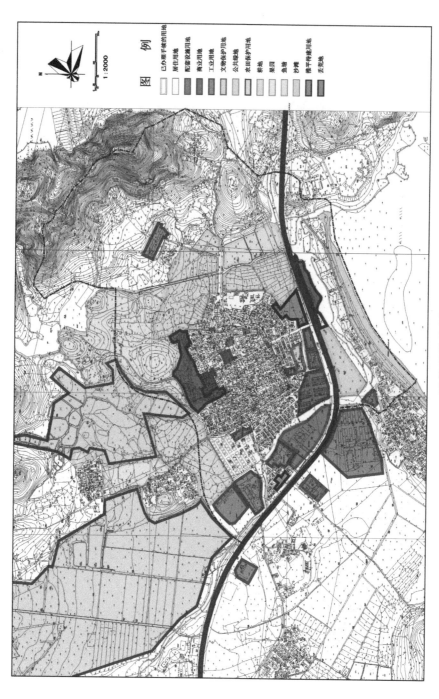

现状用地分析

图例

已办理手续的用地
居住用地
配套设施用地
商业用地
工业用地
文物保护用地
公共绿地
农田保护用地
菜地
果园
鱼塘
沙滩
推平待建用地
无荒地

1：2000

N

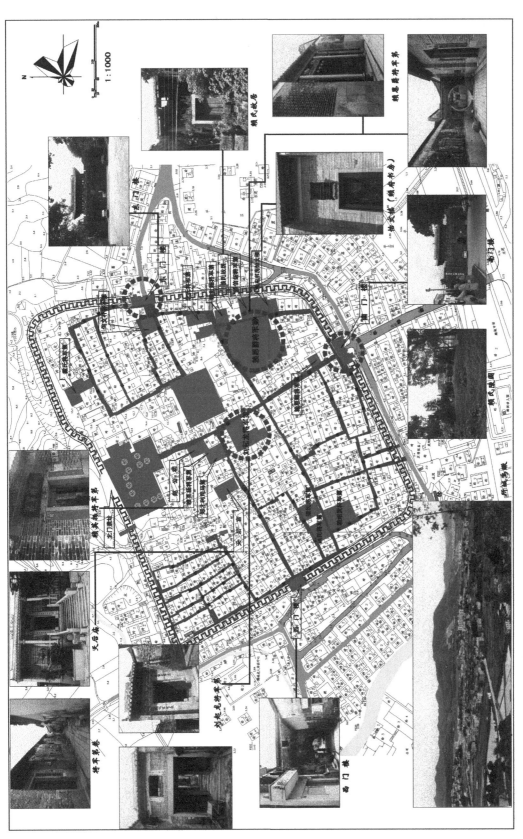

现状景观分析（一）

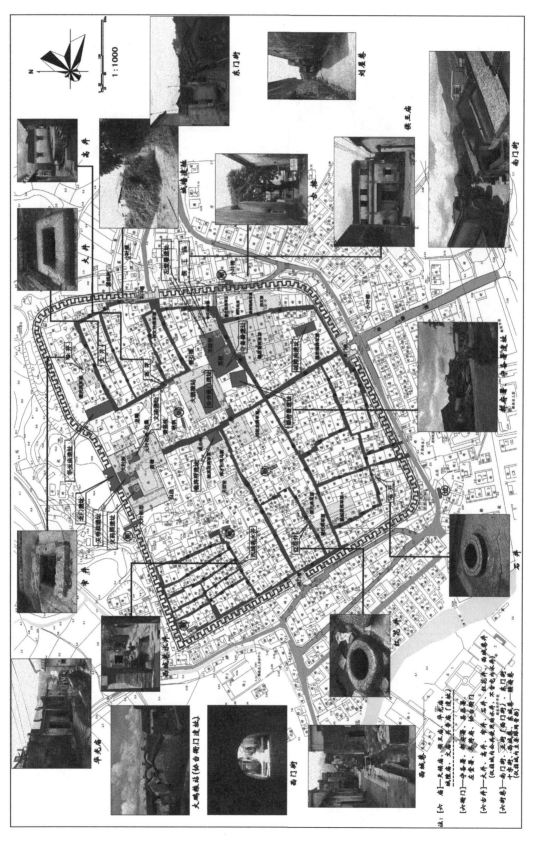

现状景观分析（二）

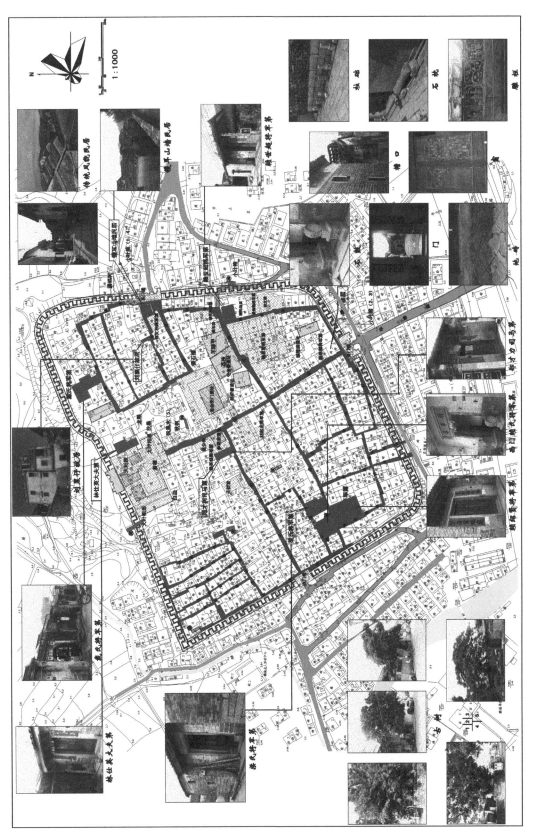

现状景观分析（三）

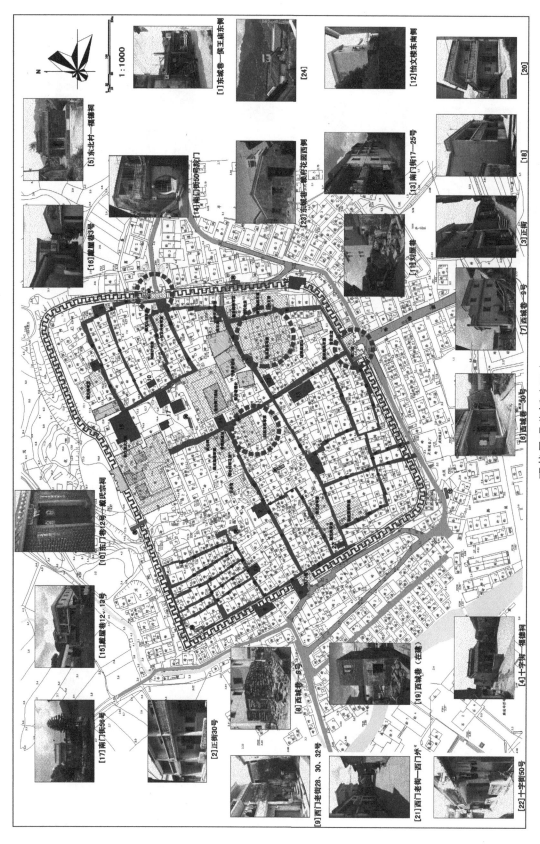

现状景观分析（四）

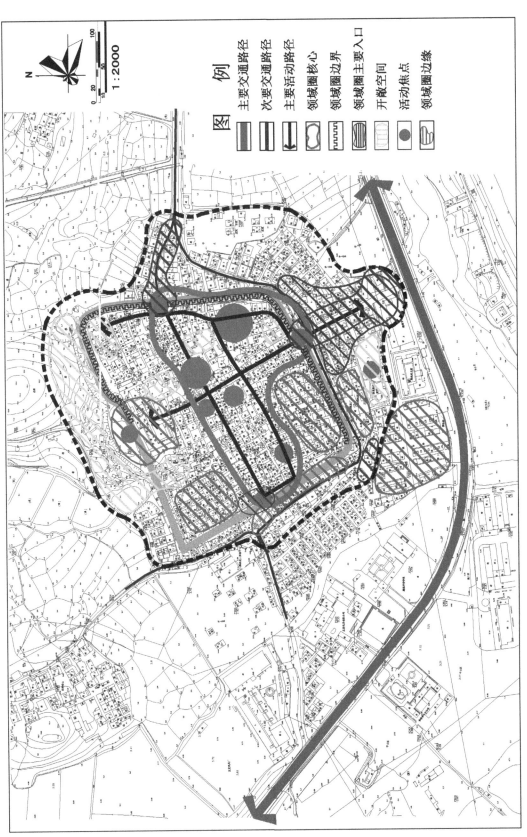

图 例

主要交通路径
次要交通路径
主要活动路径
领域圈核心
领域圈边界
领域圈主要入口
开敞空间
活动焦点
领域圈边缘

1:2000

古城空间设计结构图

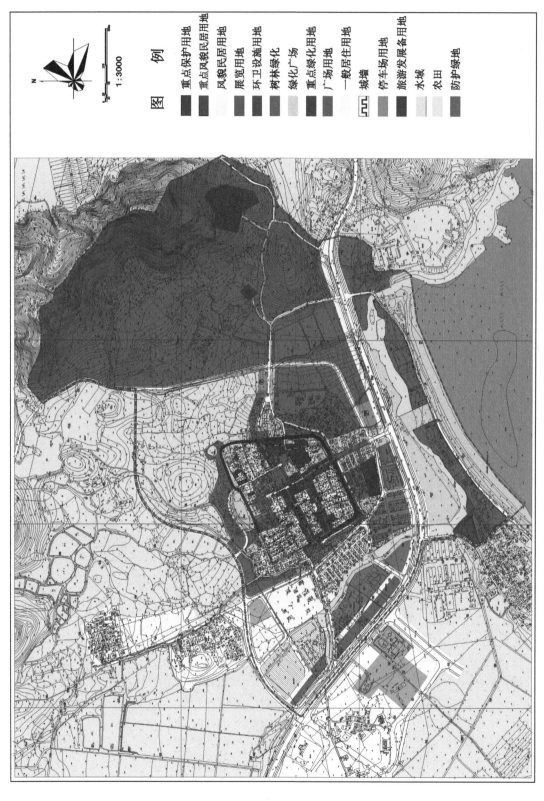

图例

重点保护用地
重点风貌民居用地
风貌民居用地
展览用地
环卫设施用地
树林绿化
绿化广场
重点绿化用地
广场用地
一般居住用地
城墙
停车场用地
旅游发展备用地
水域
农田
防护绿地

1:3000

所城地区用地规划图

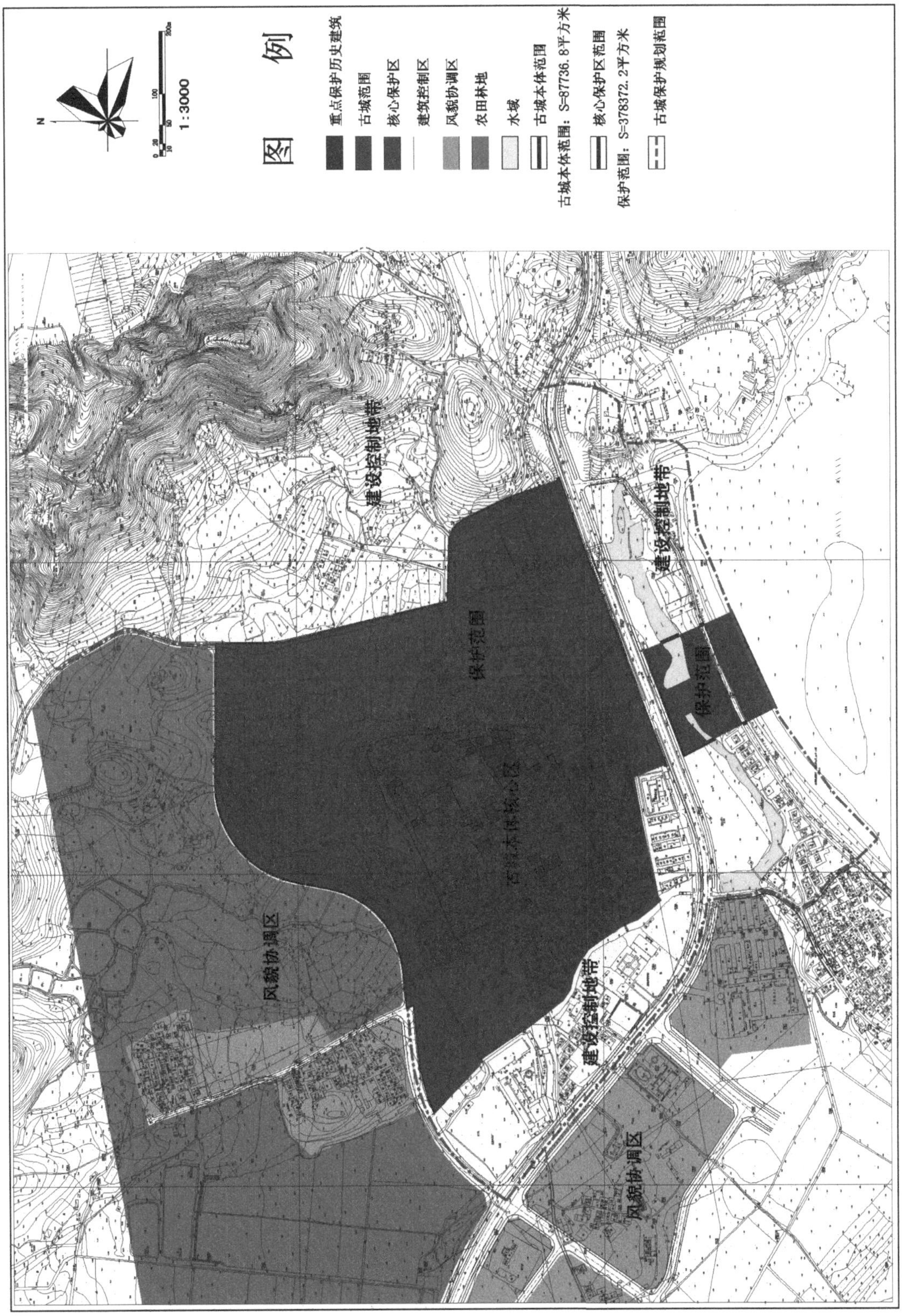
图例
1:3000
重点保护历史建筑
古城范围
核心保护区
建筑控制区
风貌协调区
农田林地
水域
古城本体范围
古城本体范围：S=87736.8平方米
核心保护区范围
保护范围：S=378372.2平方米
古城保护规划范围
建设控制地带
保护范围
风貌协调区
建设控制地带
保护范围
建设控制地带
风貌协调区

保护范围规划图

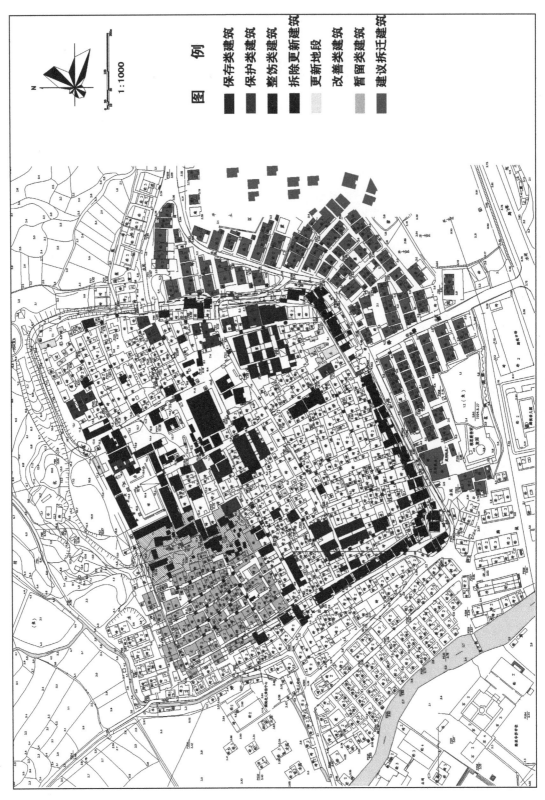

图 例

保存类建筑
保护类建筑
整饬类建筑
拆除更新建筑
更新地段
改善类建筑
暂留类建筑
建议拆迁建筑

1:1000

保护与更新方式分类图

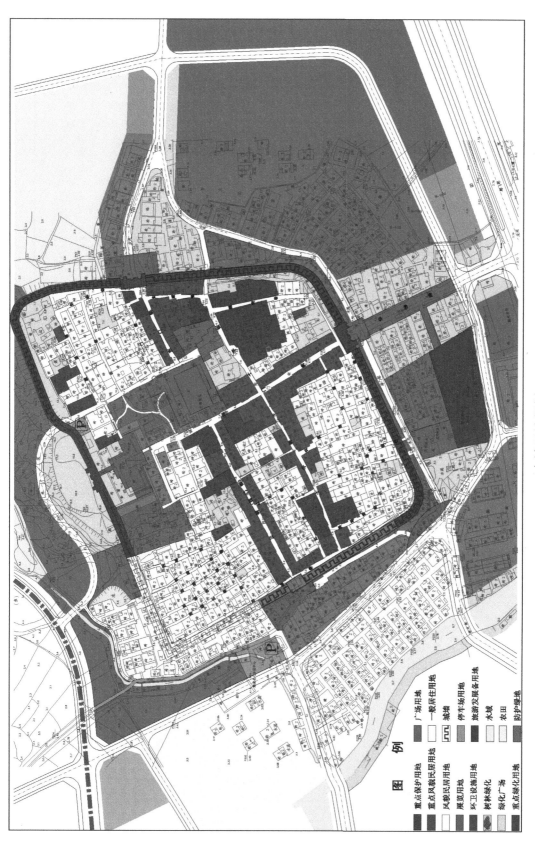

古城用地规划图

图 例

重点保护用地　广场用地
重点风貌民居用地　一般居住用地
风貌民居用地　城墙
展览用地　停车场用地
环卫设施用地　旅游发展备用地
树林绿化　水域
绿化广场　农田
重点绿化用地　防护绿地

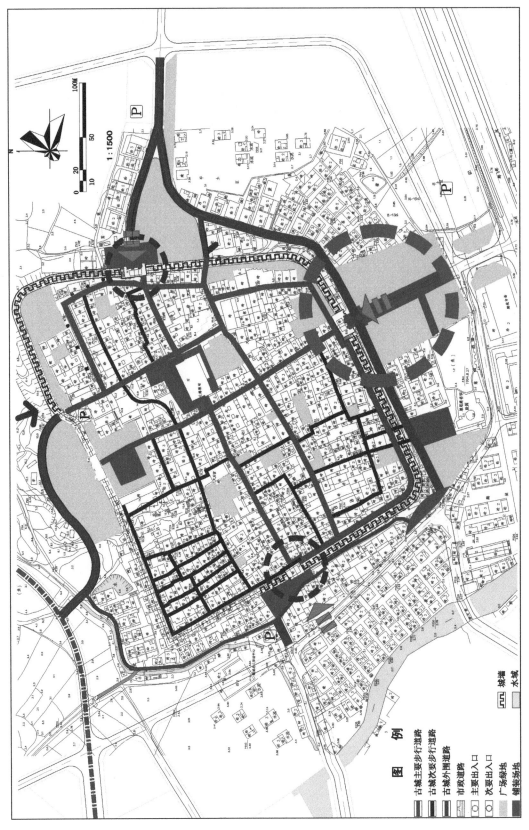

道路系统规划图

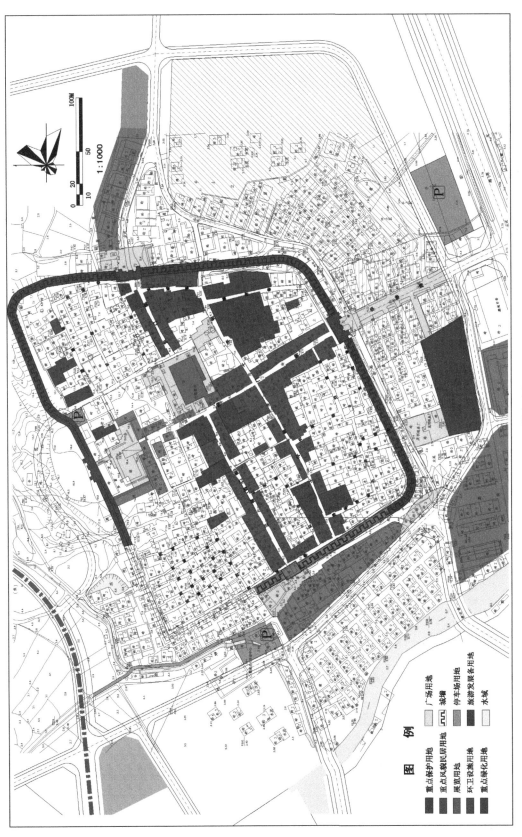

公共设施规划图

图 例

重点保护用地　广场用地
重点风貌民居用地　城墙
展览用地　停车场用地
环卫设施用地　旅游发展备用地
重点绿化用地　水域

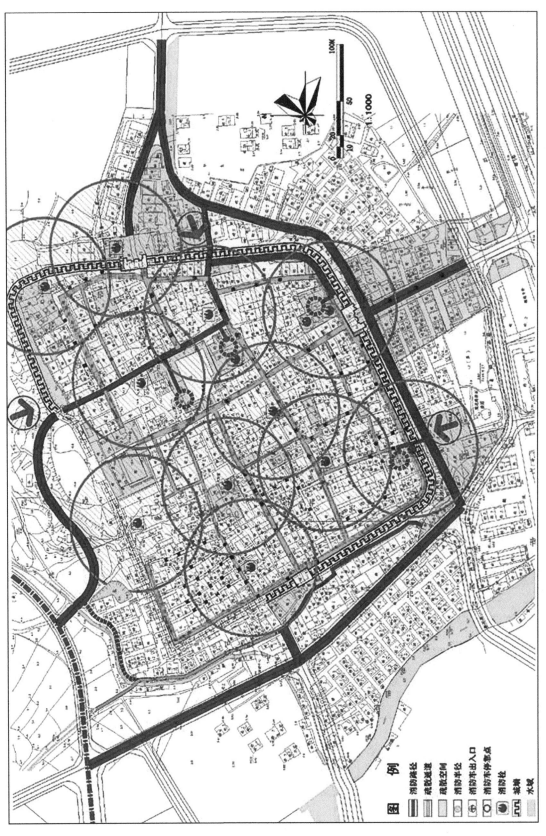

古城防灾系统

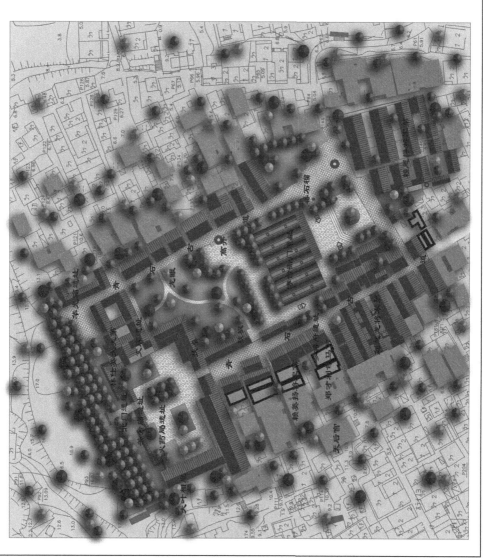

规划设计说明：

大鹏所城古城中心广场规划重在保护所城核心区范围内的将军第、庙宇祠堂等古建并恢复其传统建筑风貌和使用性质，同时通过青石古道系统将所城内外广场连成一个整体，力求重新营造所城的原始古风古貌。

博物馆北门遗址片区整治设计图

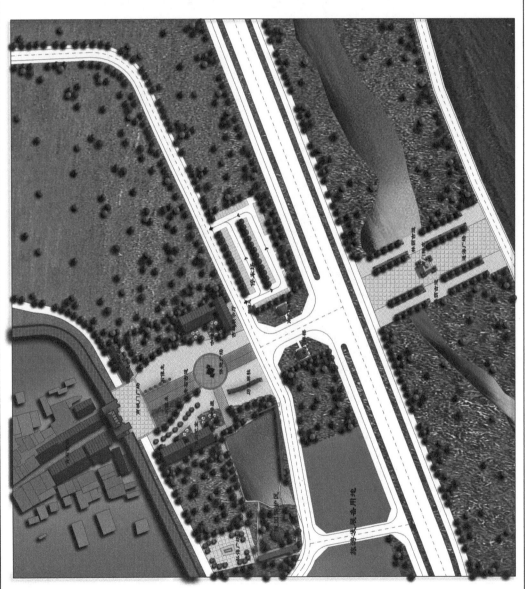

规划设计说明：

深圳市大鹏所城南门广场规划以保护和再现现古城风貌为主旨，并结合休闲游憩设施赋予其新时代生机，使之成为大鹏所城承古启今的精神所在和旅游空间布局的起点。

所城南门广场规划图

附录二　2006 年大鹏所城保护规划图

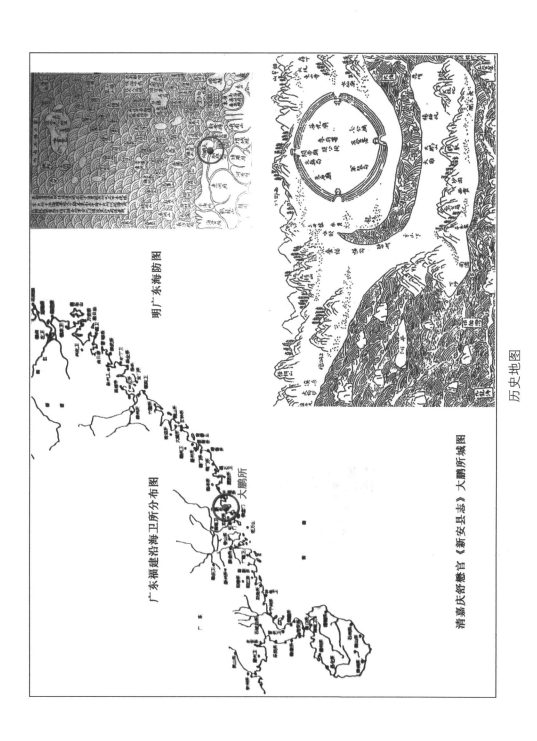

明广东海防图

历史地图

清嘉庆舒懋官《新安县志》大鹏所城图

广东福建沿海卫所分布图

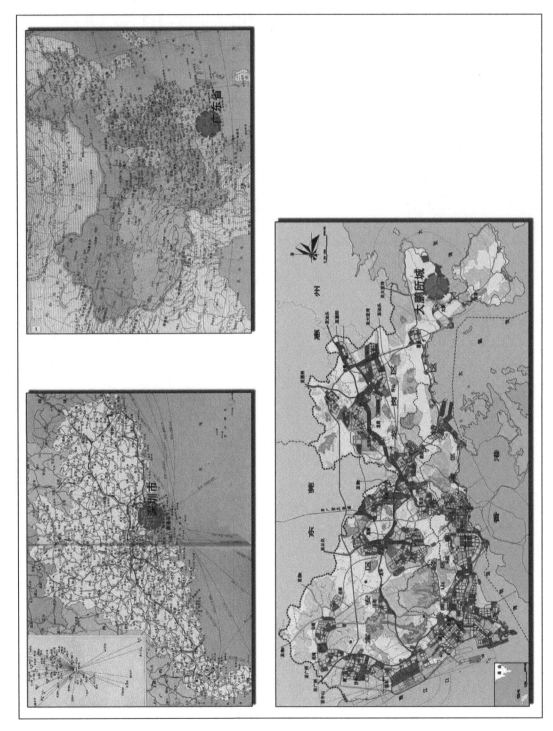

大鹏所城区位图

规划范围图

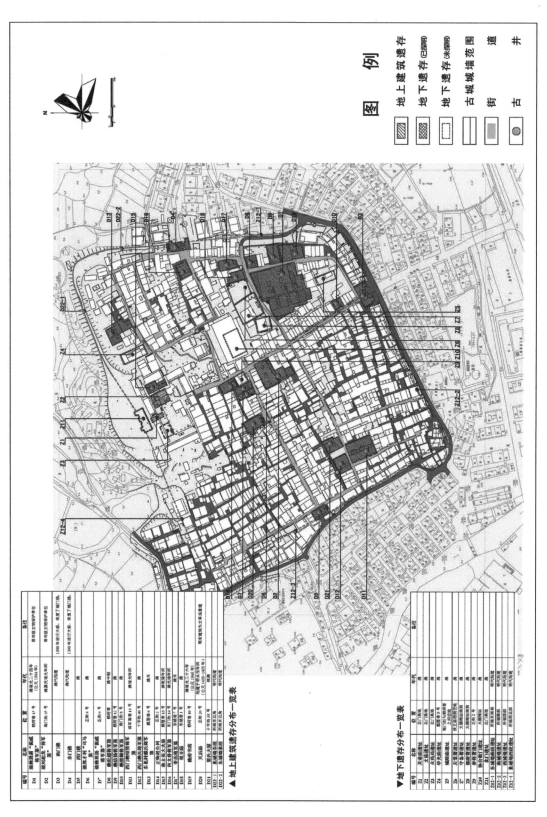

所城内已知遗存分布图（一）

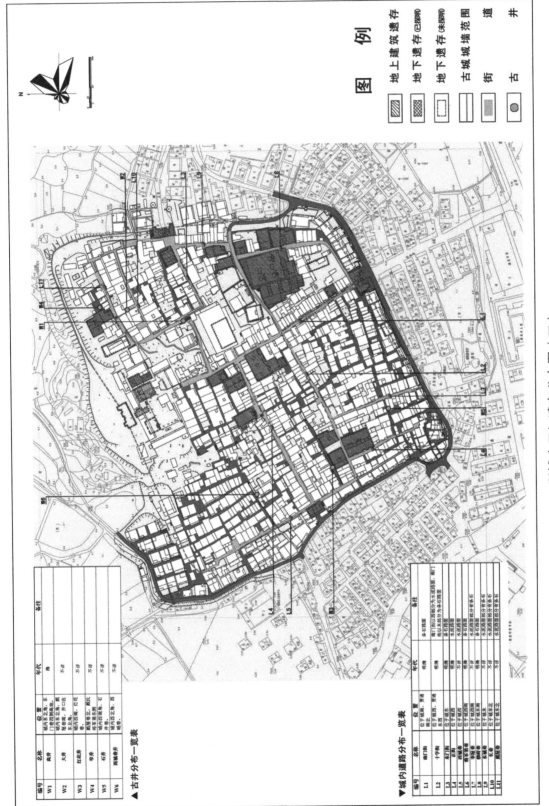

所城内已知遗存分布图（二）

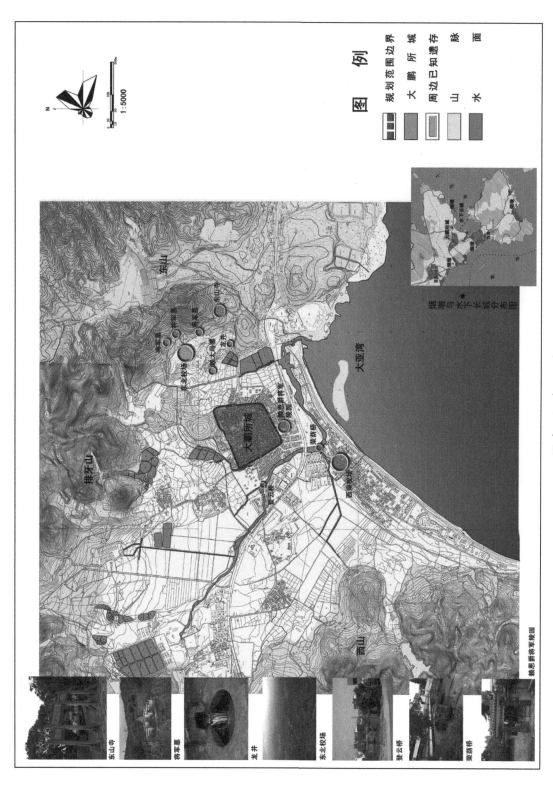

周边已知遗址分布图

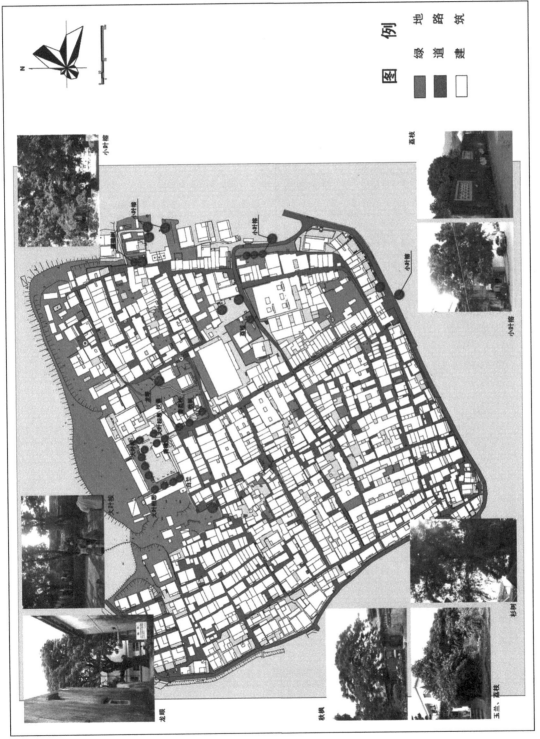

绿化现状图

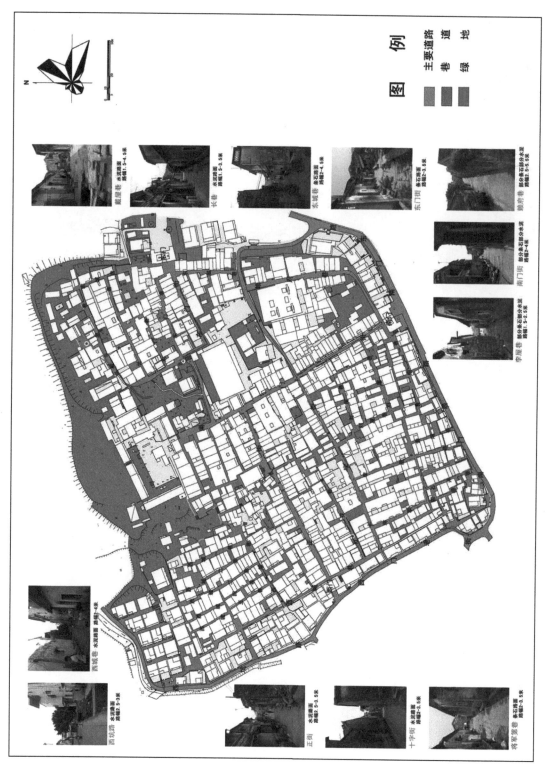

道路现状图

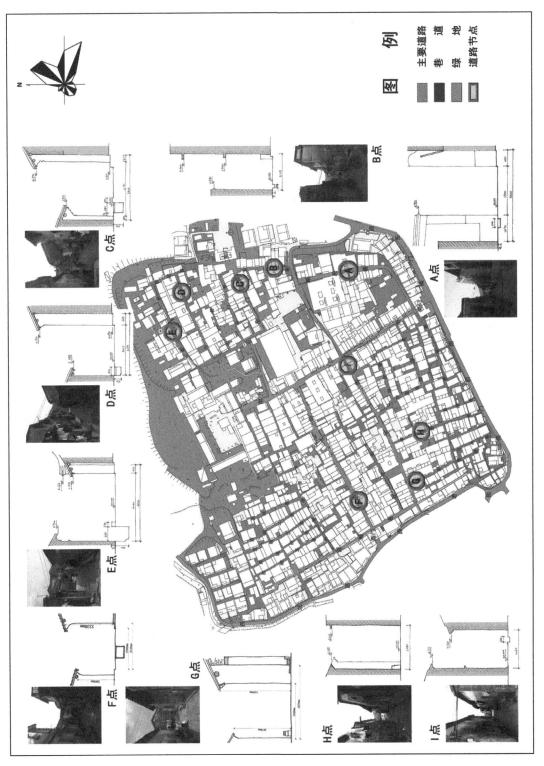

街巷空间分析图

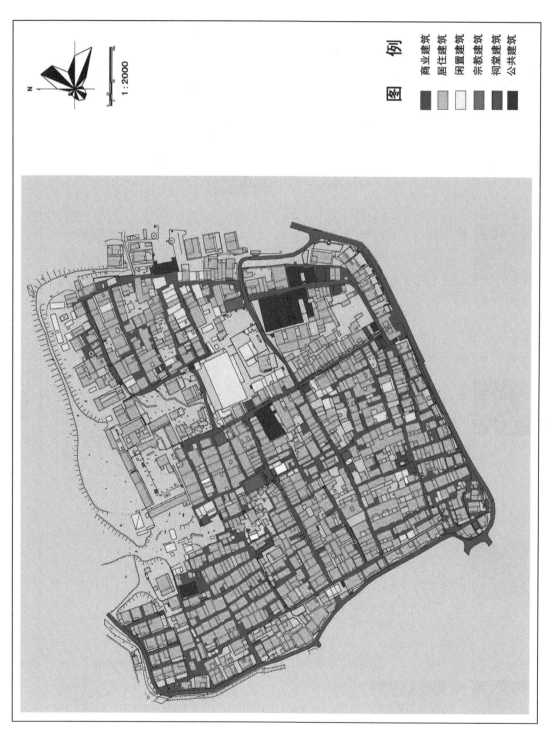

图 例

商业建筑
居住建筑
闲置建筑
宗教建筑
祠堂建筑
公共建筑

功能现状分布图

1:2000

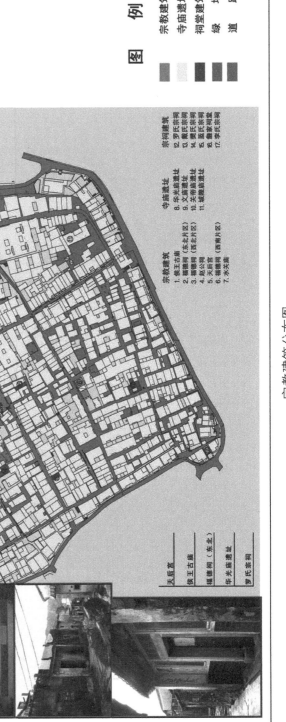

宗教建筑分布图

图　例

宗教建筑
寺庙遗址
祠堂建筑
绿　地
道　路

宗教建筑
1. 侯王古庙
2. 福德祠（东北片区）
3. 福德祠（西北片区）
4. 赵公祠
5. 天后宫
6. 福德祠（西南片区）
7. 水头庙

寺庙遗址
8. 华光庙遗址
9. 文庙遗址
10. 关帝庙遗址
11. 城隍庙遗址

宗祠建筑
12. 罗氏宗祠
13. 敕氏宗祠
14. 樊氏宗祠
15. 袁氏宗祠
16. 鲁家祠堂
17. 李氏宗祠

天后宫

侯王古庙

福德祠（东北）

华光庙遗址

罗氏宗祠

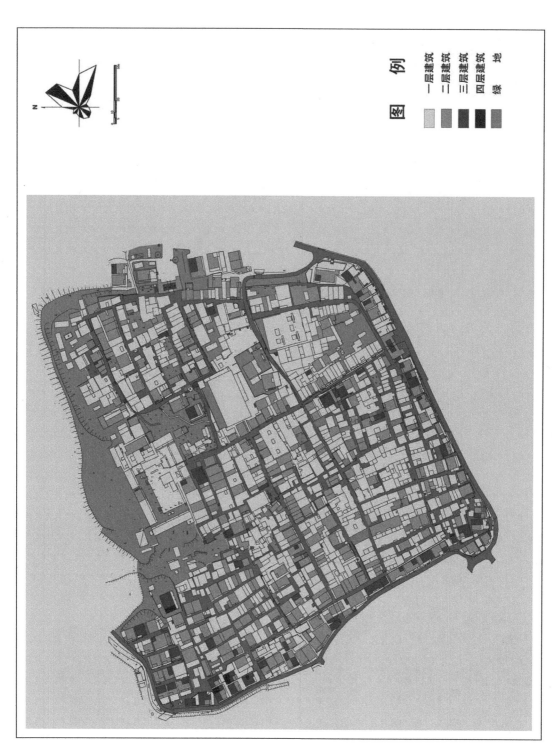

图 例

一层建筑
二层建筑
三层建筑
四层建筑
绿 地

建筑高度现状图

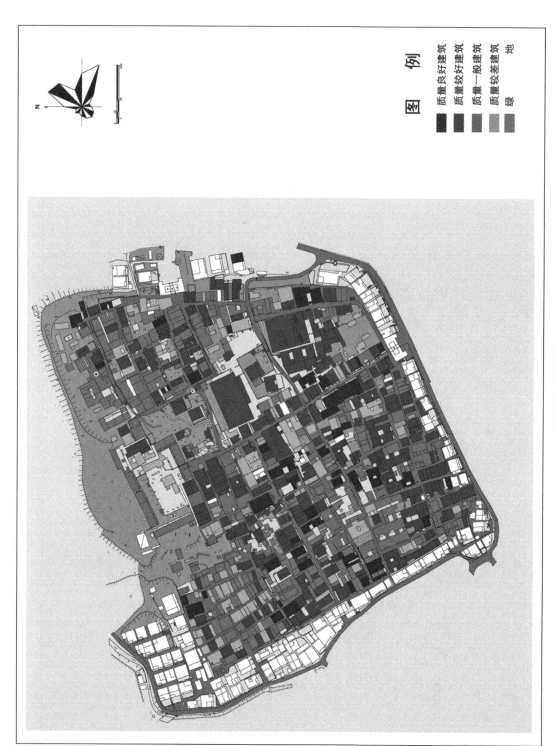

建筑质量评估图

建筑年代分析图

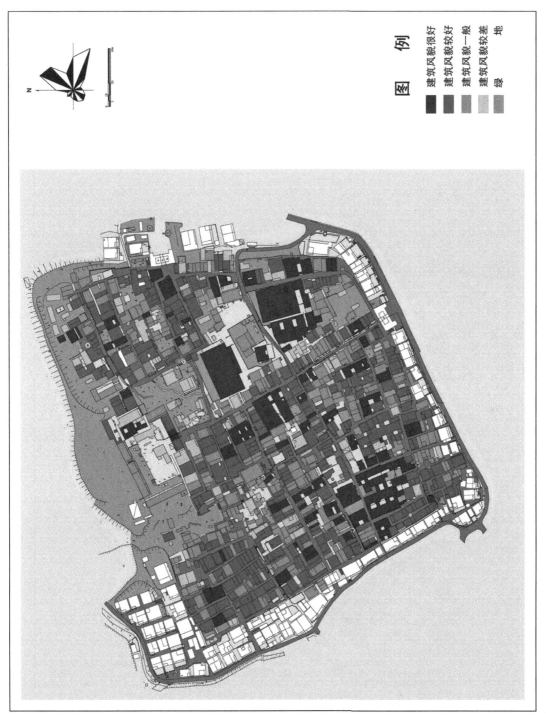

建筑风貌评估图

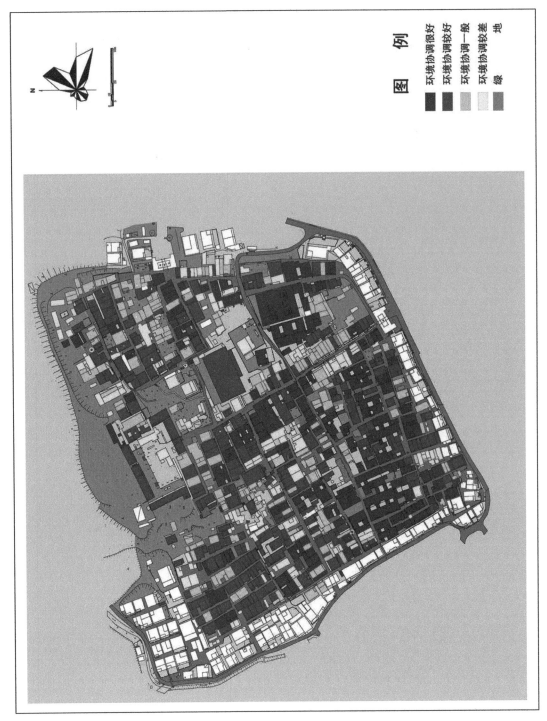

图例

环境协调很好
环境协调较好
环境协调一般
环境协调较差
绿地

建筑环境评估图

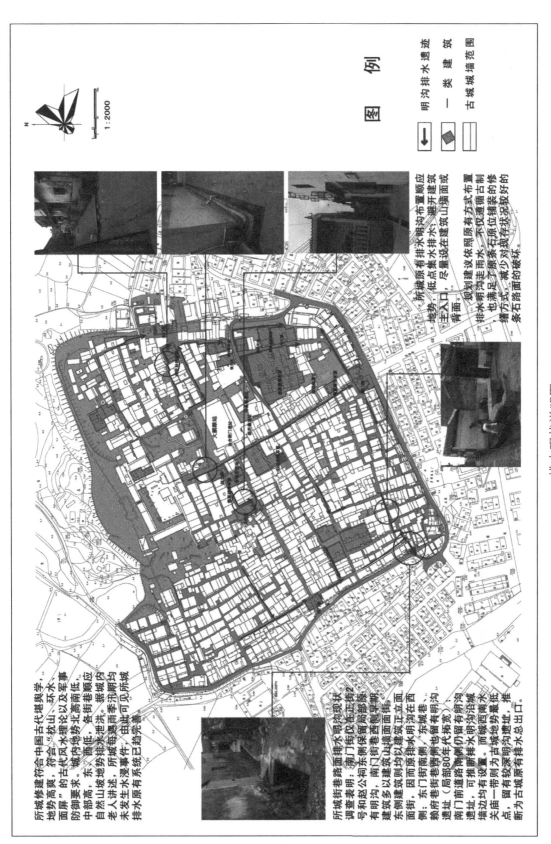

排水现状说明图

图　例

明沟排水遗迹

一 类 建 筑

古城城墙范围

所城修建符合中国古代堪舆学，地势高爽，符合"枕山、环水、面屏"的古代风水理论以及军事防御要求。城内地势北高南低，中部高，东、西低，各街巷顺应自然山坡地势排水泄洪。据城内老人讲述，所城每逢雨季汛期均未发生水浸事件。由此可见所城排水原有系统已较为完善。

所城街巷跨面排水明沟现状调查表明：南门街仅在正街2号和赵公祠东侧保留局部原有明沟，南门街巷西侧面面南侧建筑多以建筑山墙面南北面侧；东门街南侧，东城巷、衙府巷街西侧也留有明沟遗址（局部约80年代续宽）；南门前道路西侧仍留有明沟遗址，可维新明沟沿城墙边均为排水明沟沿活城头庙一带有较深明沟遗址，推断为古城原有排水总出口。

所城原有排水明沟布置顺应地势、低点集中设置，遇开建筑或背面。

和规划建议依照原有方式布置排水明沟连雨水，不仅适循古制也满足了原条弓原位铺装的修缮方式，减少对现在状况较好的条石路面的破坏。

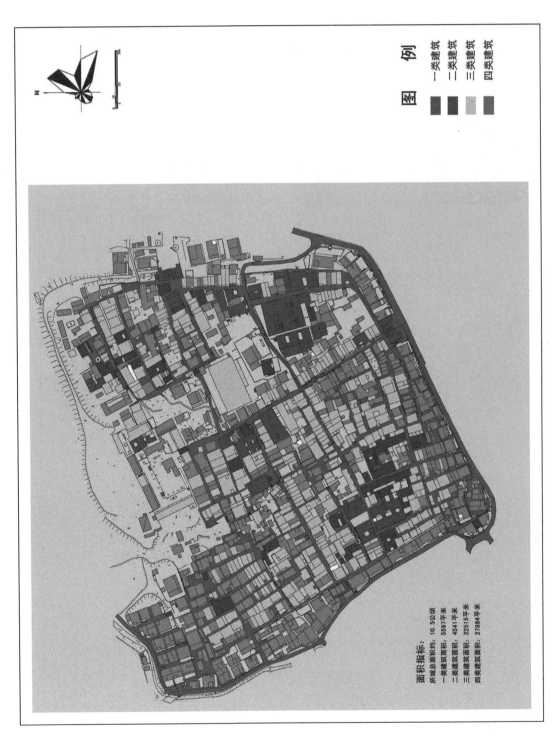

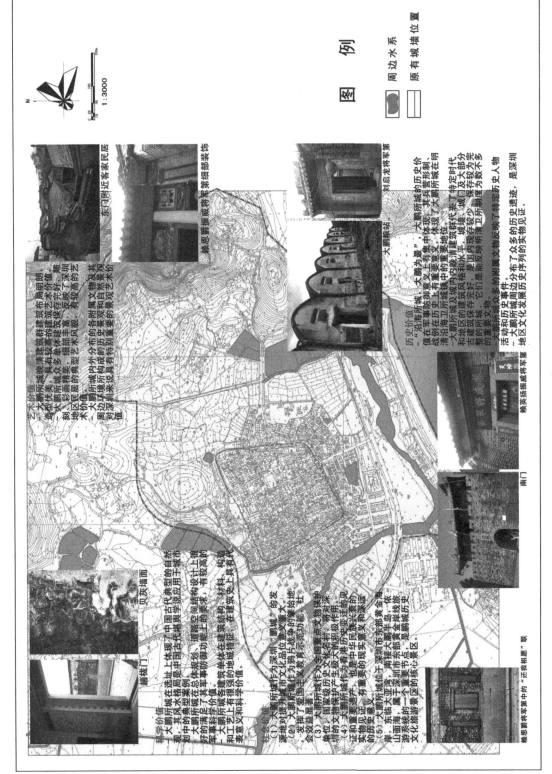

图　例

所城主要轴线
所城次要轴线
大鹏所城
山　脉
水　面

大鹏所城在选址上体现了中国古代典型的自然观，其风水格局是中国古代堪舆学说应用于城市规划中的典型案例。按照中国古代堪舆学说，七娘山即为大鹏所城的案山，排牙山为镇山，东山和西山分别为所城的护砂。

所城因军事防御始建于明洪武年间，依山带水，隐于大亚湾的大鹏北半岛上，三面环山，南向临海过往船只亦可发现，选址得宜，使大鹏所城易守难攻，若有敌来袭，七娘山上的烽火台作为卫所的前哨，瞭望海面过往船只井传达讯息，成为东南沿海的军事重镇。

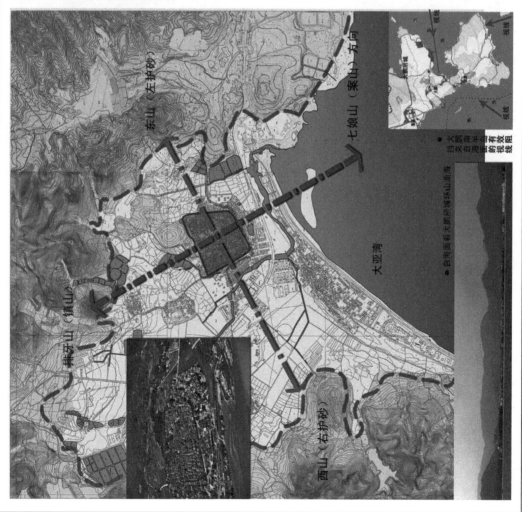

东山（左护砂）

七娘山（案山）方向

排牙山（镇山）

西山（右护砂）

大亚湾

当大鹏半岛南部海面看大鹏所城环抱山直海

●台宅面看大鹏所城环抱山直海

视线

●有效视线粗线

选址分析图

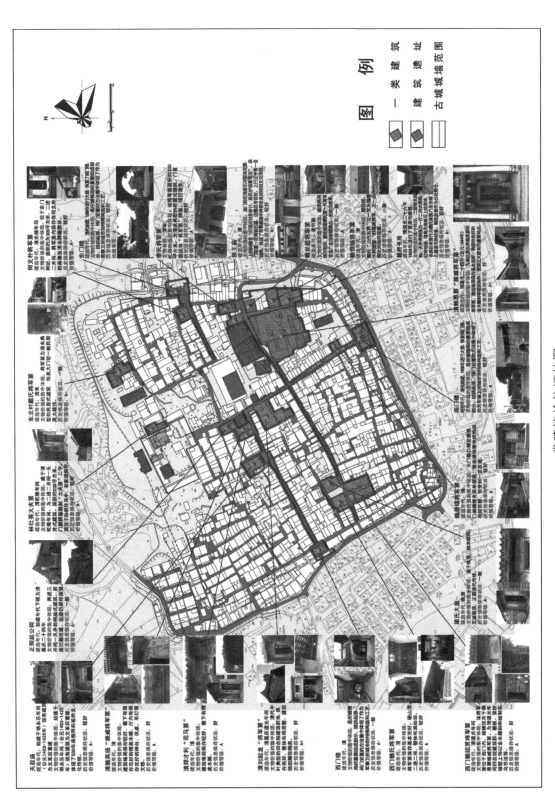

一类建筑价值评估图

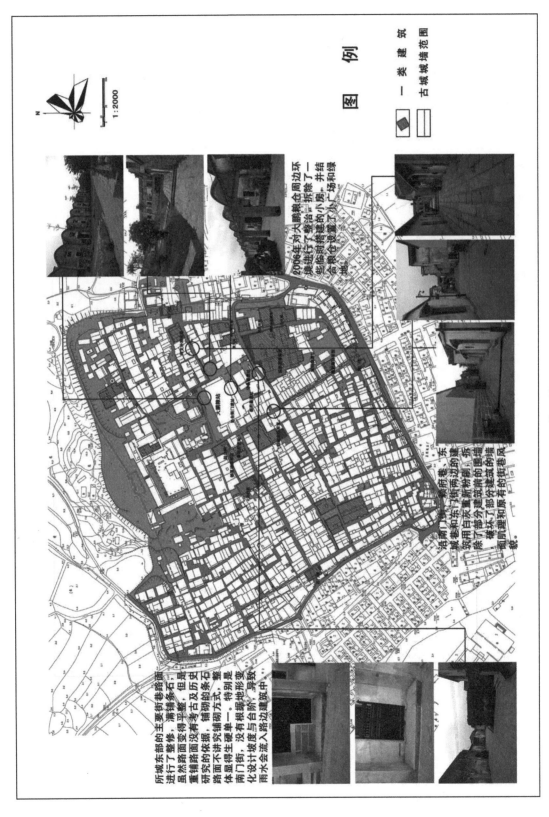

现状评估图

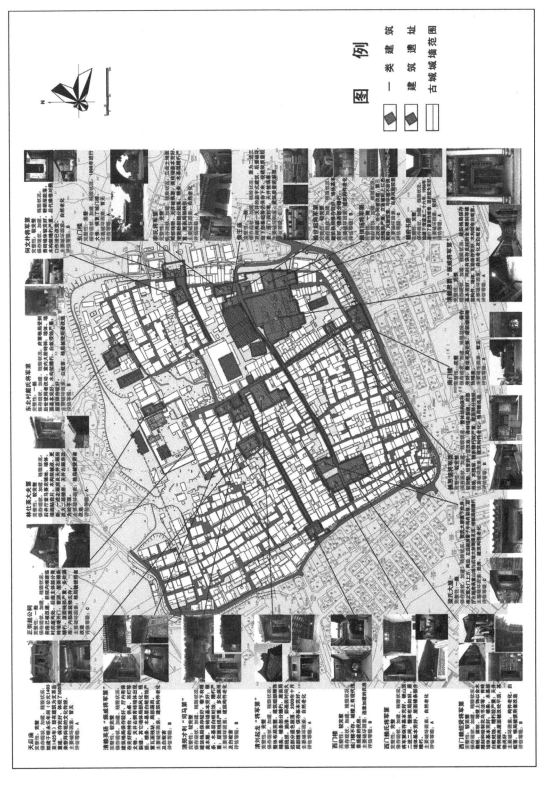

一类建筑现状评估图

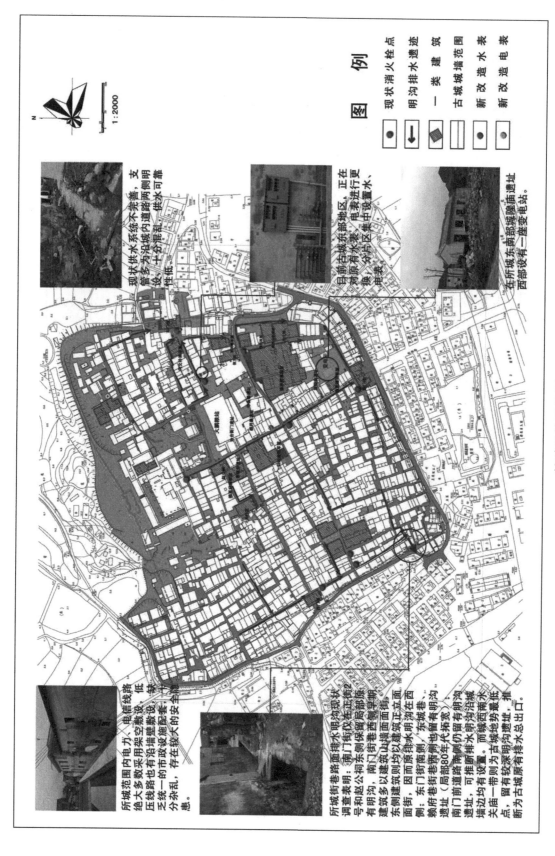

基础设施评估图

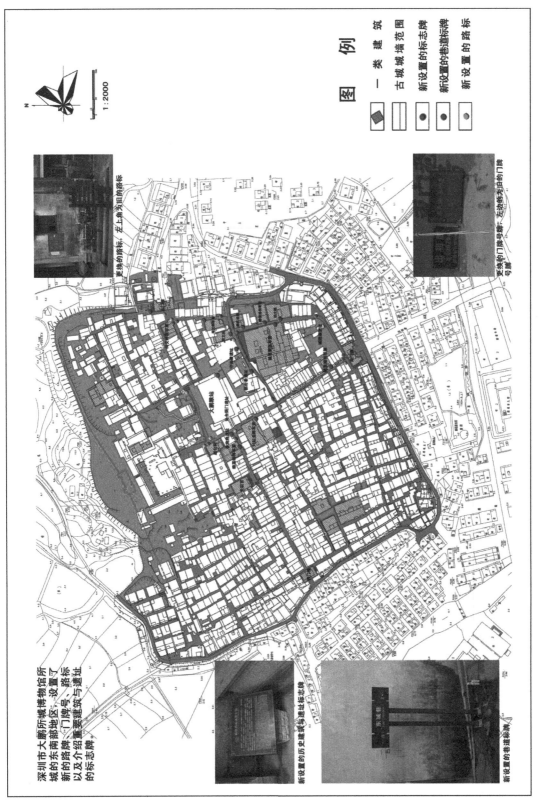

管理评估图

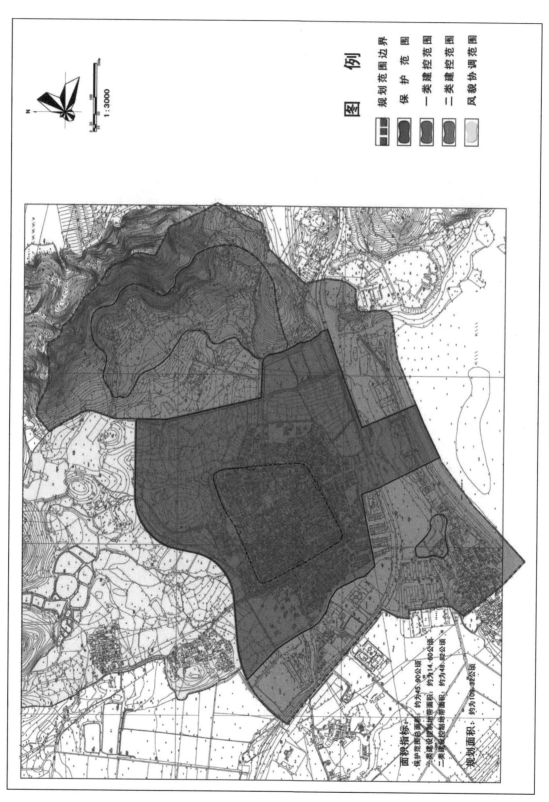

图　例

规划范围边界
保　护　范　围
一类建控范围
二类建控范围
风貌协调范围

1:3000

面积指标:
保护范围总面积: 约为45.90公顷
二类建设控制地带面积: 约为14.40公顷
二类建设控制地带面积: 约为48.82公顷
规划面积: 约为109.12公顷

保护规划总图

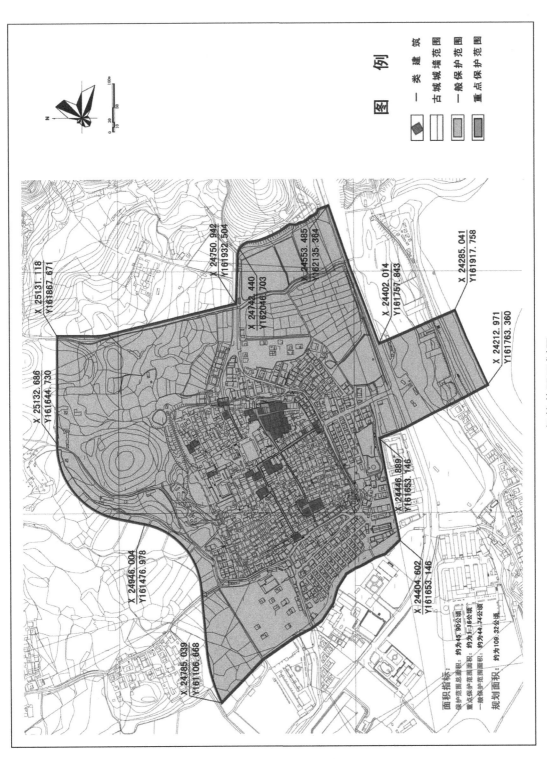

保护范围区划图

图　例

一类建筑
古城城墙范围
一般保护范围
重点保护范围

X 25131.118
Y161867.671

X 25132.686
Y161644.730

X 24750.942
Y161932.504

X 24742.440
Y162046.703

X 24553.485
Y162135.364

X 24402.014
Y161757.843

X 24285.041
Y161917.758

X 24212.971
Y161763.360

X 24446.889
Y161653.146

X 24404.602
Y161653.146

X 24946.004
Y161476.978

X 24785.039
Y161106.668

面积指标：
保护范围用总面积：约为45.96公顷
重点保护范围面积：约为18.62公顷
一般保护范围面积：约为44.74公顷
规划面积：约为109.32公顷

253

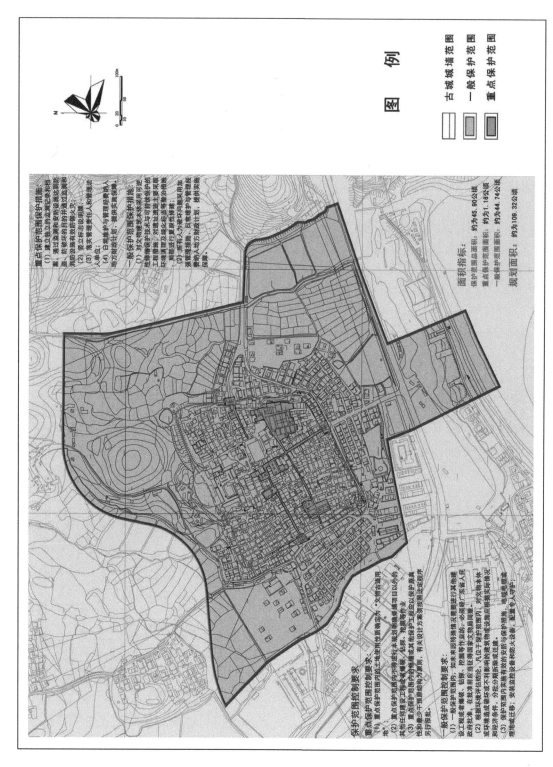

保护措施图

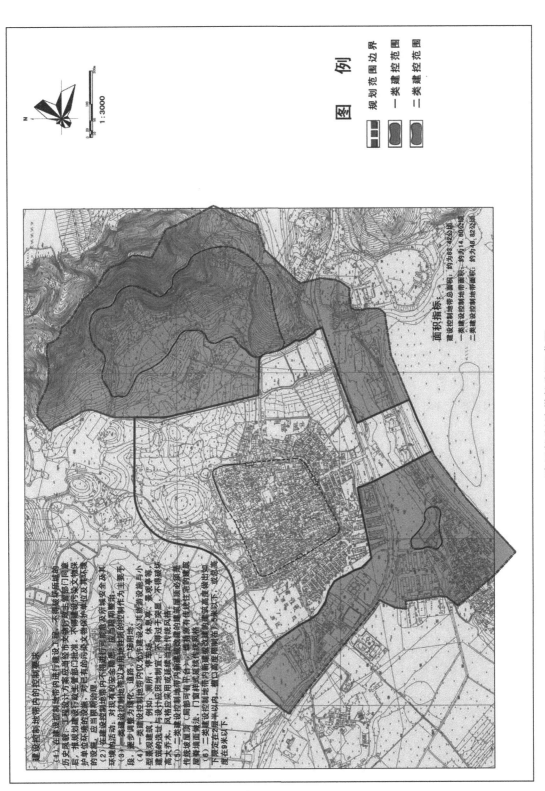

建设控制地带控制要求图

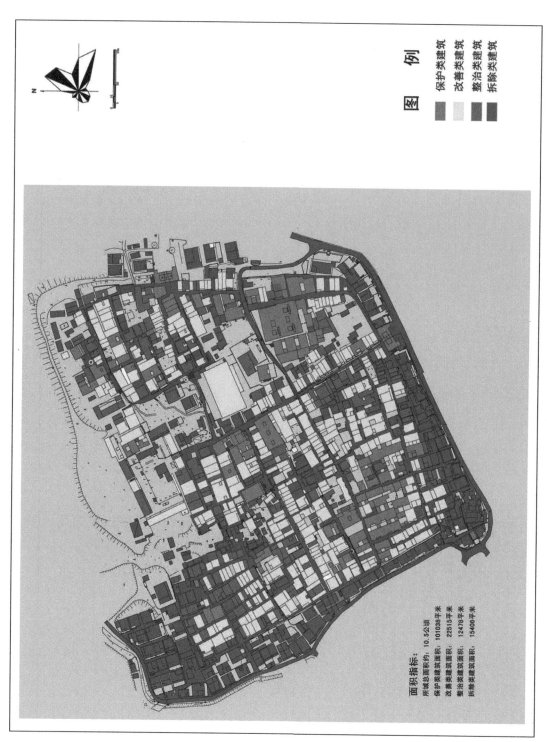

图 例

保护类建筑
改善类建筑
整治类建筑
拆除类建筑

面积指标:
所城总面积约: 10.5公顷
保护类建筑面积: 101038平米
改善类建筑面积: 22515平米
整治类建筑面积: 12478平米
拆除类建筑面积: 15408平米

建筑处置方式图

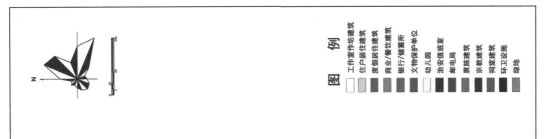

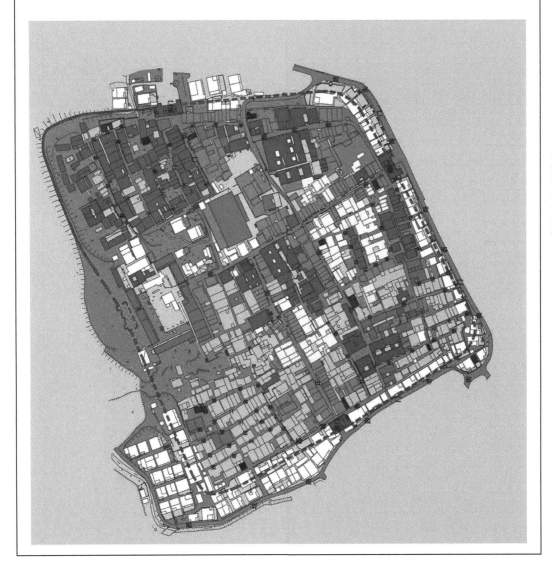

建筑功能调整图

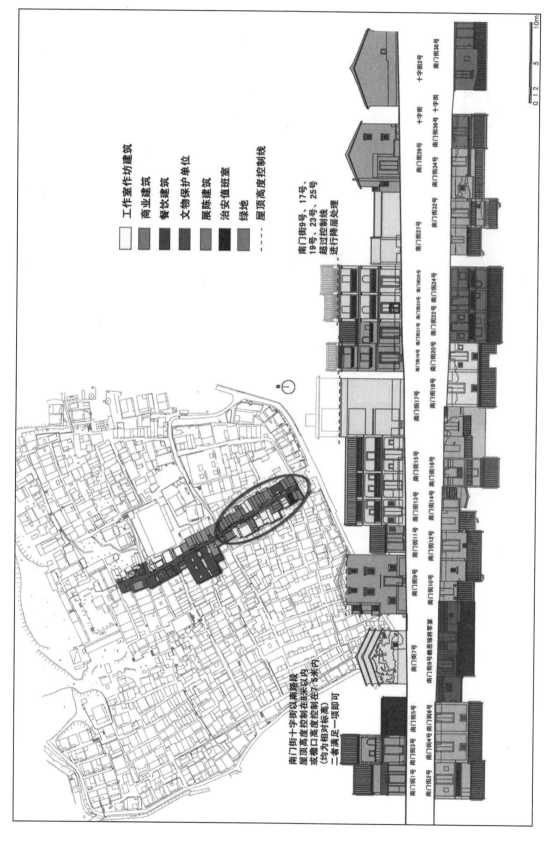

南门街功能规划（十字街以南）

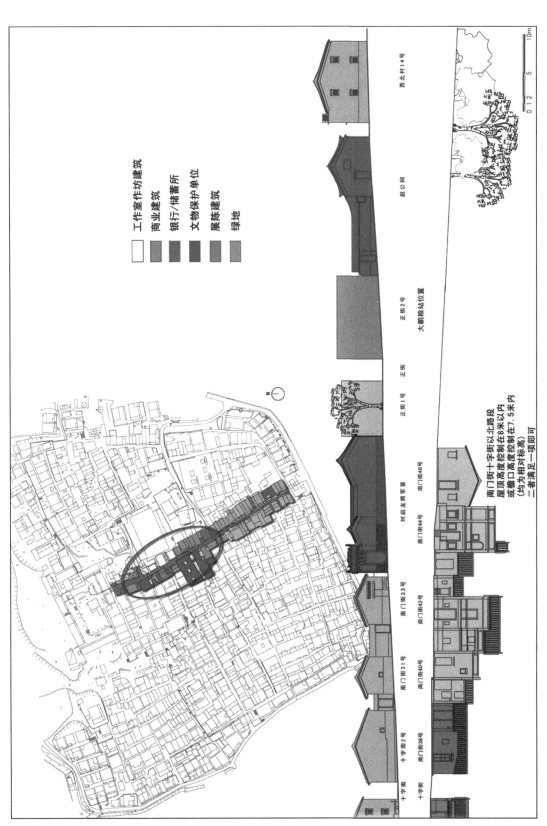

南门街功能规划（十字街以北）

正街功能规划

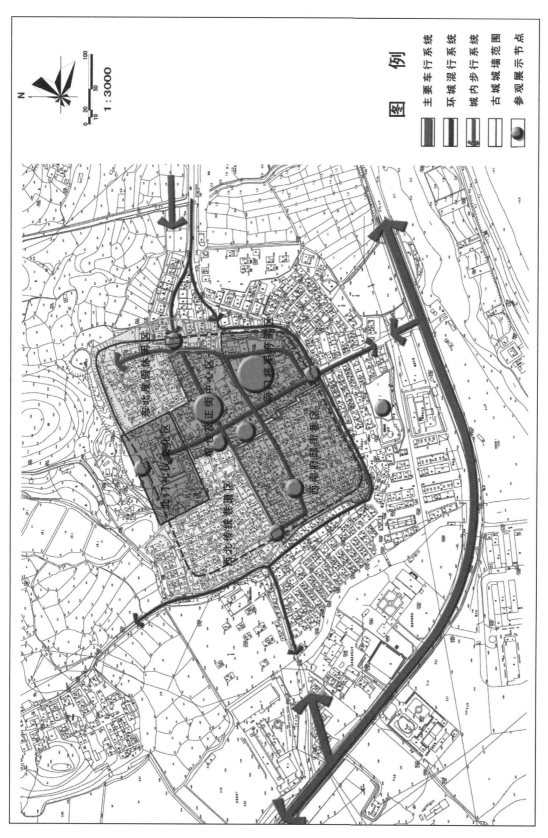

展示分区图

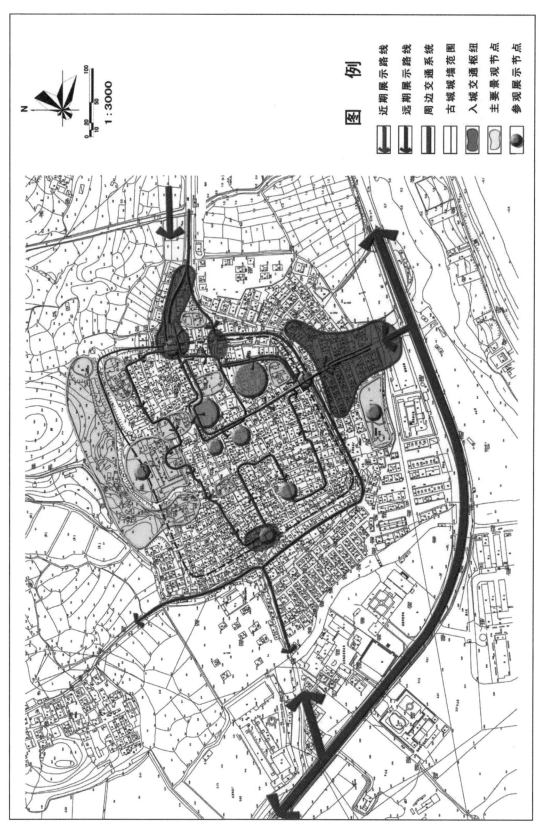

图 例

近期展示路线

远期展示路线

周边交通系统

古城墙范围

入城交通枢纽

主要景观展示节点

参观展示节点

展示路线图

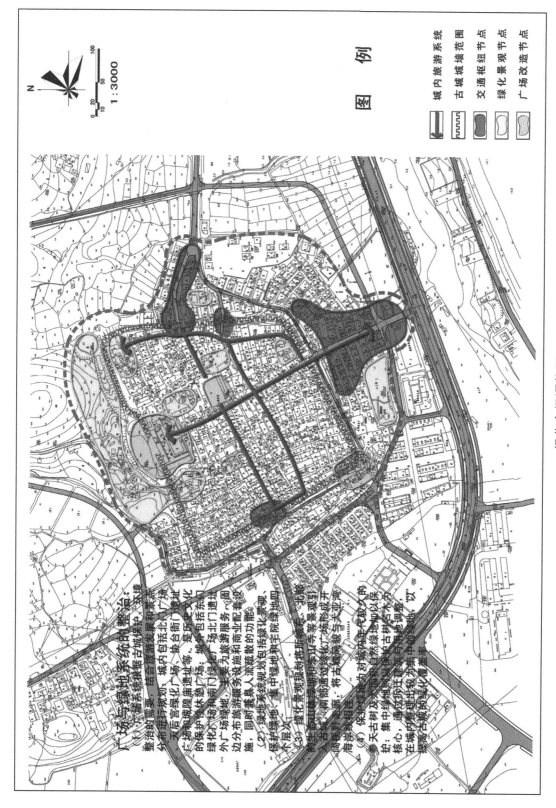

图例

城内旅游系统
古城城墙范围
交通枢纽节点
绿化景观节点
广场改造节点

绿化广场调整图

广场与绿地系统的整治

（1）广场系统规划。结合旅游将古城中和、环境整治的需要、城内旅游将古城和和最重要分布进行规划。天后宫绿化庭廊通道等、是历史文化广场和城和保护遗址、将民俗文化和的保护绿地、广场北门旅游集散的绿化广场、主要为旅游服务设施和商业配套设外广场绿地。周边分布游览人流集散的功能。保和绿地、集中规划地和绿院庭绿地四本层次。

（2）绿地系统规划包括绿化绿地四

（3）绿化景观规划地老街游不妨景观引再主题活动景观规划天后宫前广场形成开古街里景观、满前通道绿道、将古城绿貌与大亚湾海岸景观相连。

（4）保护老街及西和对城和吏代表的时间是集中绿化区地和以保各天古树及建设城池中绿水和古树合不为核心，通过和建也历水力美中的绿和地，以调整。在城内修建北和南中的天后宫前绿寄古前的美化和重要

263

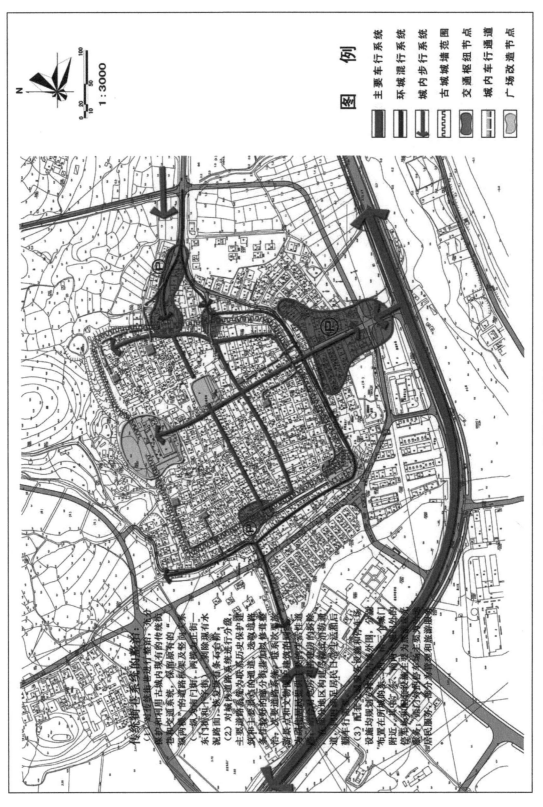

道路系统规划图

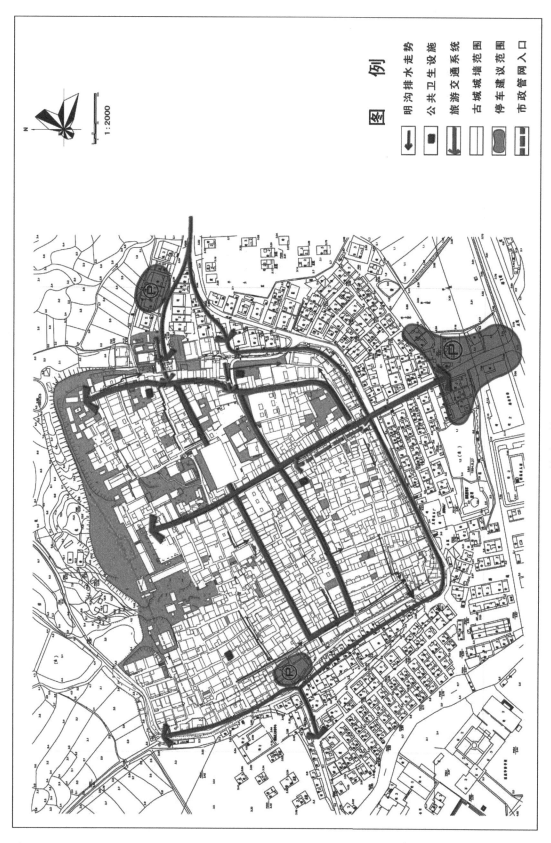

图　例

明沟排水走势
公共卫生设施
旅游交通系统
古城城墙范围
停车建议范围
市政管网入口

1 : 2000

基础设施规划图

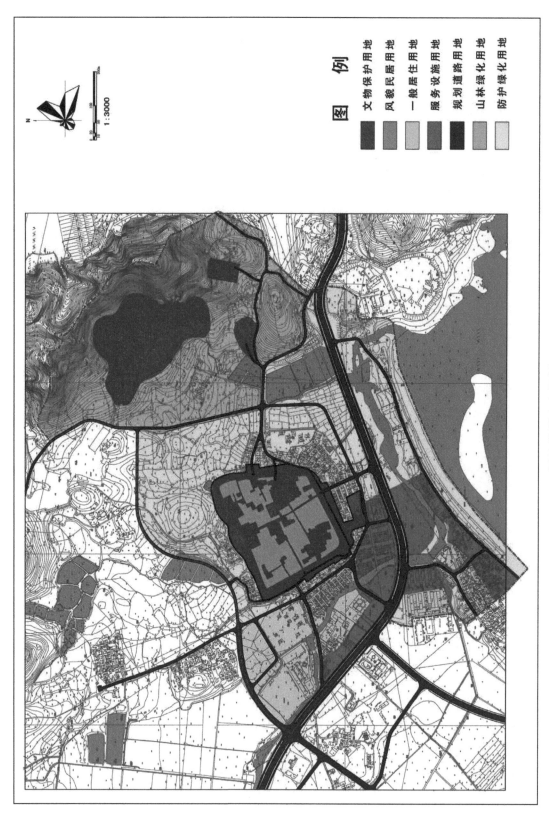

图　例

文物保护用地
风貌民居用地
一般居住用地
服务设施用地
规划道路用地
山林绿化用地
防护绿化用地

用地发展方向规划图

1 : 3000

N

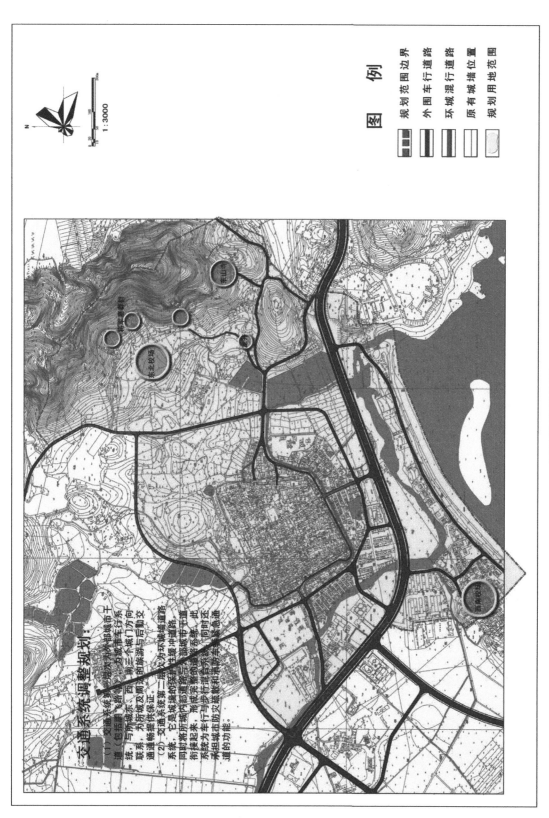

周边道路调整图

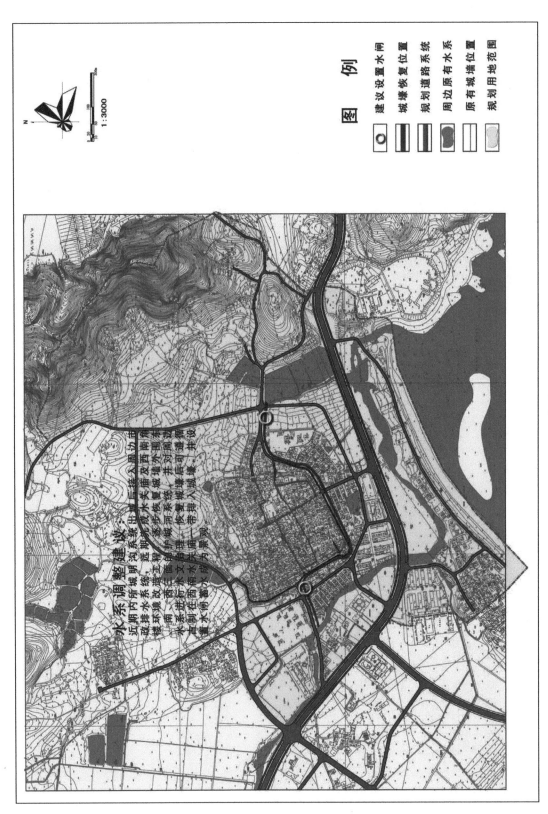

图　例

- ⊙ 建议设置水闸
- ▦ 城壕恢复位置
- ▦ 规划道路系统
- ◗ 周边原有水系
- ▢ 原有城墙位置
- ▨ 规划用地范围

1 : 3000

水系调整建议：

近期内所城明沟系统出口处三连入周边由水系统。远期水系调改造工程多步恢复复城河系统；南角门三恢复护城河城墙外围。本系进行在西西南角。改排环境，遗下水文整后可通瀚。志制在西南蓄水庙通一带排入瓶塘，并设置。董水调蓄水房为景观。

水系调整建议图

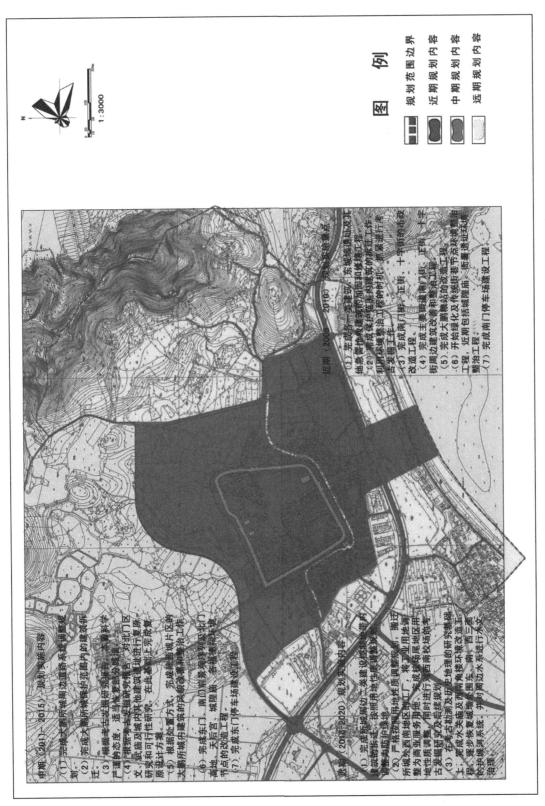

规划分期图

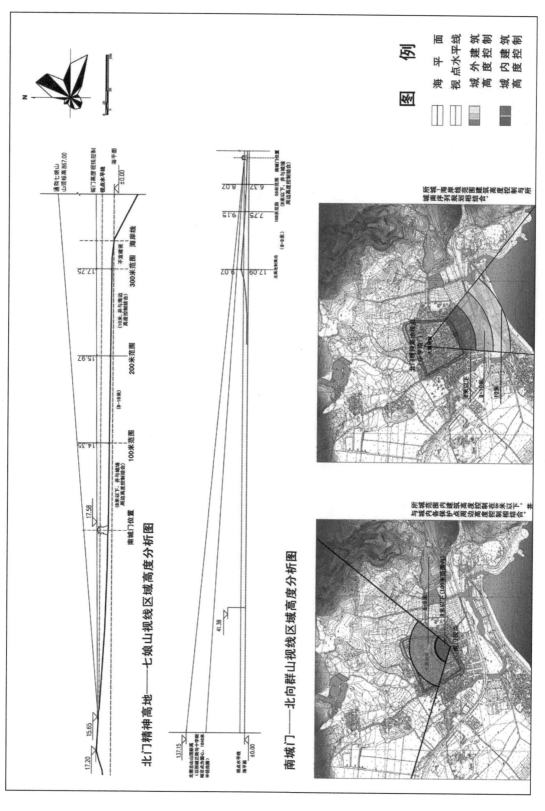

建筑高度控制图（一）

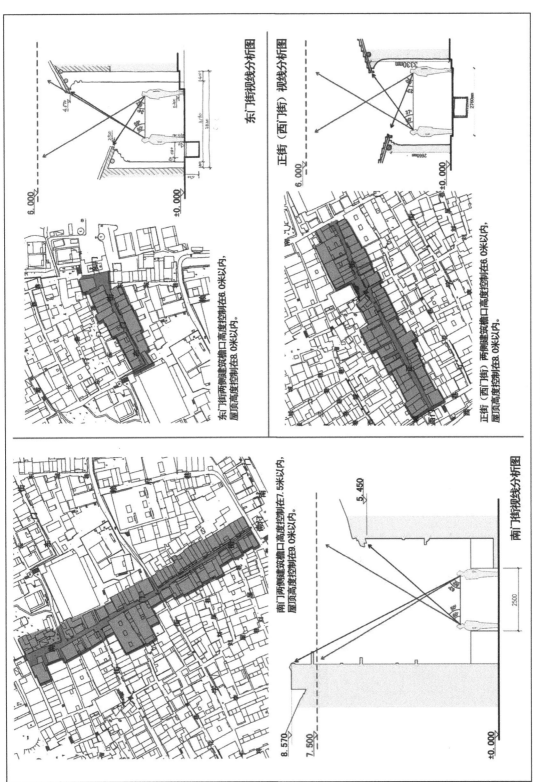

建筑高度控制图（二）

东门街视线分析图

正街（西门街）视线分析图

南门街视线分析图

东门街两侧建筑檐口高度控制在6.0米以内，屋顶高度控制在8.0米以内。

正街（西门街）两侧建筑檐口高度控制在6.0米以内，屋顶高度控制在8.0米以内。

南门街两侧建筑檐口高度控制在7.5米以内，屋顶高度控制在9.0米以内。

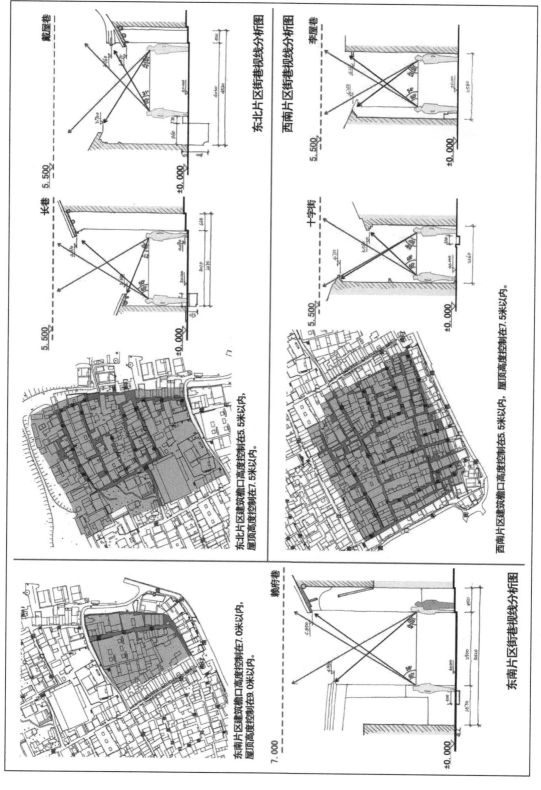

建筑高度控制图（三）

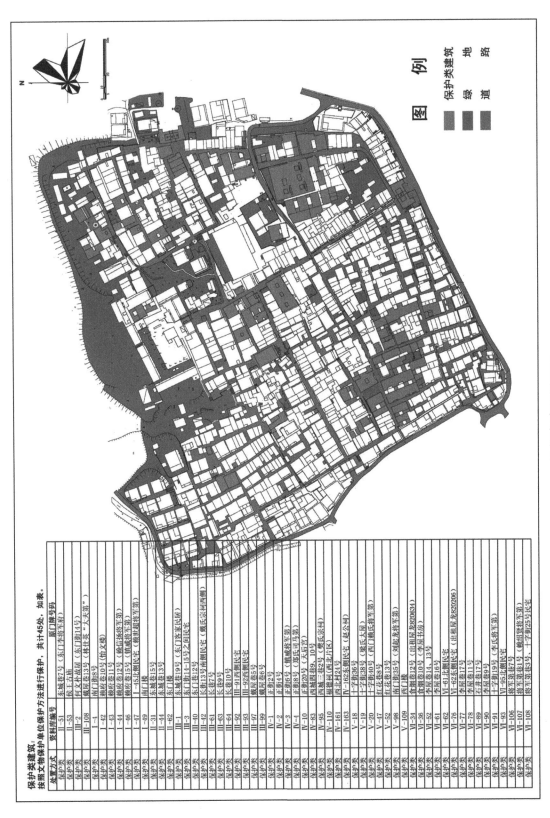

保护类建筑说明图

改善类建筑：
在不改变外观特征的情况下，进行立面修饰及可容性的功能置换，调整、完善内部布局及设施，共计321处，如表。

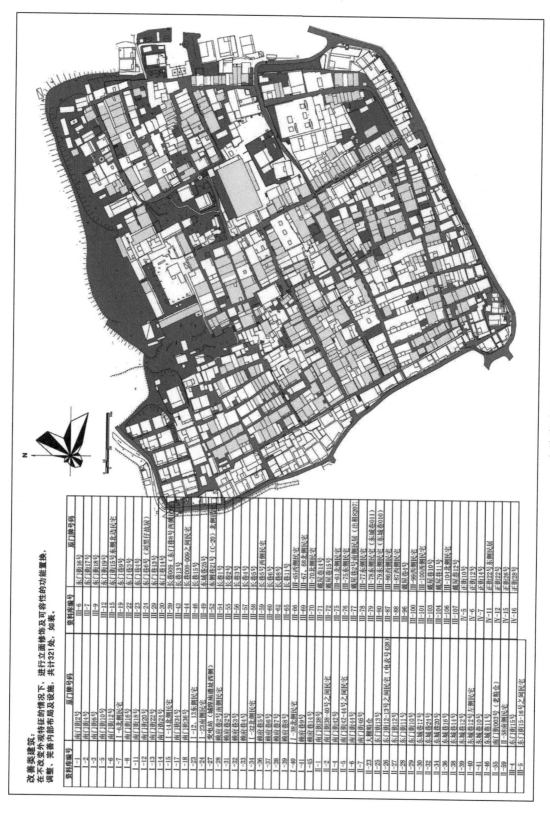

改善类建筑说明图

资料牌编号	原门牌编号	资料牌编号	原门牌号码
I-1	南门街2号	III-6	东门街16号
I-2	南门街4号	III-7	东门街17号
I-3	南门街6号	III-9	东门街18号
I-5	南门街10号	III-12	东门街19号
I-6	南门街12号	III-15	东门街15号东侧北边民宅
I-7	I-6,北侧民宅	III-19	东门街9号
I-8	南门街16号	III-22	东门街3号
I-11	南门街16号	III-23	东门街2号
I-12	南门街18号	III-24	东门街16号（对面仔故址）
I-13	南门街20号	III-30	东门街14号
I-14	南门街22号	III-39	东门街18号（东门18号西侧民宅）
I-15	I-14北侧民宅	III-43	长巷009（东门18号西侧民宅）
I-17	南门街34号	III-44	长巷13号
I-18	南门街36号	III-16	长巷15号
I-23	I-12、13东侧民宅	III-19	长巷15号
I-24	I-23南侧民宅	III-52	长巷008-009之间民宅
I-27	变电站（海防南遗址西侧）	III-54	东城巷25号
I-28	赖府巷2号东侧民宅	III-55	长巷21号
I-31	赖府巷2号	III-56	长巷3号
I-32	赖府巷3号	III-57	长巷4号
I-33	赖府巷4号	III-58	长巷5号
I-34	I-32北侧民宅	III-59	长巷6号
I-36	赖府巷5号	III-60	长巷6号
I-37	赖府巷7号	III-62	长巷8号
I-38	赖府巷8号	III-65	长巷11号
I-39	I-38北侧民宅	III-66	III-65西侧民宅
I-40	I-38北侧民宅	III-69	III-67、68东侧民宅
I-41	赖府巷9号	III-70	III-70北侧民宅
I-45	赖府巷9号	III-71	戚屋巷14号
II-1	南门街38号	III-72	戚屋巷15号
II-2	南门街38-40号之间民宅	III-75	III-75东侧民宅
II-5	南门街42号	III-76	戚屋巷21号
II-6	南门街42-44号之间民宅	III-77	III-76西侧民宅
II-7	南门街44号	III-78	戚屋巷29南侧侧民居（出米号207）
II-23	大鹏粮仓	III-79	III-78东侧民宅
II-25	东门街12-13号之间民宅（出米号42B）	III-80	III-79东侧民宅（东城巷011）
II-26	东门街12-13号之间民宅	III-87	III-87西侧民宅
II-27	东门街12号	III-88	戚屋巷6号
II-28	东门街11号	III-96	戚屋巷11号
II-29	东门街17号	III-100	III-99西侧民宅
II-30	东城巷4号	III-101	III-100南侧民宅
II-32	东城巷24号	III-103	戚屋巷10号
II-34	东城巷20号	III-104	戚屋巷11号
II-36	东城巷16号	III-106	III-104北侧民宅（东城010）
II-38	东城巷14号	III-107	戚屋巷2号
II-40	东城巷12号	IV-5	戚屋巷10号
II-41	东城巷10号	IV-6	正街12号
II-46	东城巷11号	IV-7	正街14号
II-55	南门街003号（老粮仓）	IV-11	正街22号东侧民居
II-59	II-58南侧民居	IV-12	正街24号
III-4	东门街15号	IV-15	正街26号
III-5	东门街15-16号之间民宅	IV-16	正街28号

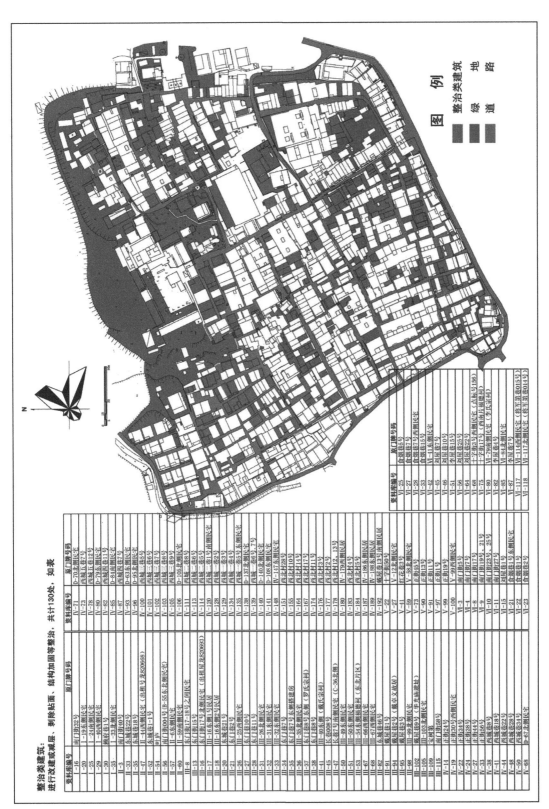

整治类建筑说明图

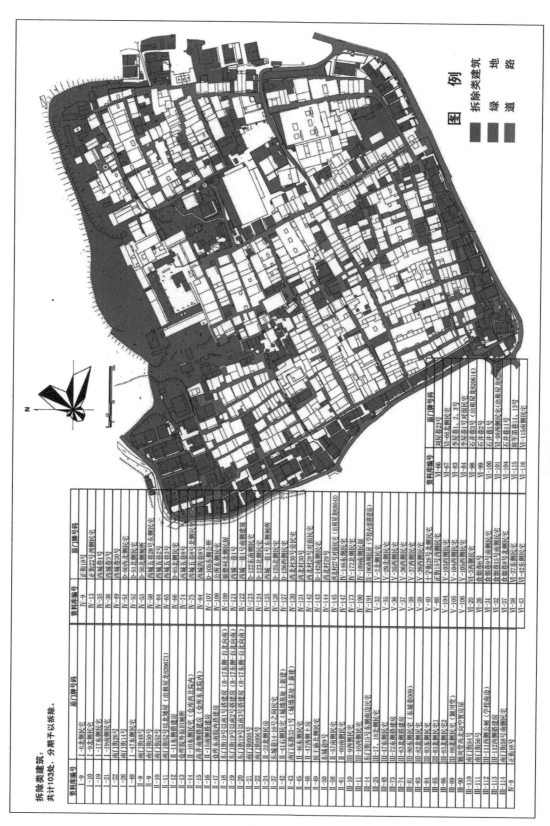

拆除类建筑说明图

后记

　　深圳大鹏所城保护规划从 2004 年至今，历经三次编制，不同时期、不同版本的保护规划均发挥了其历史作用，引领大鹏所城的保护、修缮、利用等各项工作，如今的大鹏所城，已经成为广东省重要的遗产地和深圳的历史文化地标。

　　本次研究是建立在对大鹏所城价值研究的基础上，结合大鹏所城规划编制的历程，在大鹏所城三个版本的保护规划基础上，结合大鹏所城的文化遗产分析及中国明清海防遗存调研的成果，借鉴《四川宝箴塞总体保护规划》《内蒙多伦古建筑群保护规划》等，完成了本次书。笔者全过程参与了大鹏所城保护规划的编制工作，还是东南大学、清华同衡编制大鹏所城保护规划的成员之一。20 余年来，笔者对大鹏所城进行了深入的研究，包括史料的辑录、口述史采访、考古挖掘；周边区域包括广府、客家、闽海的建筑调查；沿海卫所的田野调查等等。通过大鹏所城本体研究，以及各个维度的比较研究，对大鹏所城的价值和定位有着深入的见解，从而明确保护对象和保护方案，梳理可利用的历史文化资源，编制合理利用的规划。在规划研究上，力求最大限度地保护大鹏所城的历史信息的基础上，进行合理利用，从而制定了分级保护对象，将城内近千处古建筑进行分级保护，确定了 94 处单体建筑为文物建筑，同时对整个大鹏所城实行风貌控制，将 300 多处城内建筑列为风貌保护建筑。建议在管理上成立风貌保护专家委员会，制定保护修缮、活化利用的指导原则，作为风貌保护的保障措施。本次研究认为，大鹏所城城防体系是大鹏所城作为城池类遗产最重要的核心本体，应该得到最严格的保护，制作风貌与整个所城相协调的城墙保护罩，将考古清理出来的城墙遗址进行馆藏式保护，这个观点被运用于东南大学版保护规划。

　　在规划成果论证、审批工作引起国家文物局的高度重视，三任国家文物局局长张文彬、单霁翔、刘玉珠均亲临大鹏所城考察，并作出重要指示，国家文物局的专家黄滋、吕舟、朱光亚、陈微等对规划提出宝贵意见。

　　感谢参与大鹏所城规划编制工作的中国城市规划设计研究院深圳分院、东南大学、清华同衡以及参与相关工作的梅欣、陈建刚、张瑾、马娜、齐恩广等同志对大鹏所城进行专业、全面的调查研究。

　　本书虽已付梓，但仍感有诸多不足之处。对于明清海防遗存的研究，仍然需要长期细致认真地工作；对大鹏所城内单体建筑的分型分式存，仍需要持续开展调查和研究。至此再次感谢为本书出版给予帮助和支持的每一位领导、同事和朋友，感谢每一位读者，并期待大家的批评和建议。

黄文德

2022 年 10 月